Abhandlungen
der Bayerischen Akademie der Wissenschaften
Mathematisch-naturwissenschaftliche Abteilung
Neue Folge. 2.
1929

Ergebnisse der Beobachtungen am Breslauer
Vertikalkreise 1922/25 zur Kontrolle des
Fundamentalsystems in Deklination

von

Alexander Wilkens

Vorgelegt am 15. Dezember 1928

München 1929
Verlag der Bayerischen Akademie der Wissenschaften
in Kommission des Verlags R. Oldenbourg München

Die Beobachtungsreihe, deren Ergebnisse hier dargelegt werden sollen, beruht auf den von mir am Vertikalkreise der Breslauer Sternwarte in den Jahren 1922 bis 1925 angestellten Messungen, die bei meiner Berufung 1925 von der Breslauer nach der Münchener Universität gerade ihren notwendigen Abschluß finden konnten. Wie aus den Jahresberichten der Breslauer Sternwarte in der Vierteljahrschrift der Astronomischen Gesellschaft bekannt ist, konnte ich während meiner Tätigkeit in Breslau 1916 bis 1925 die beiden Repsoldschen Meridianinstrumente, einen 6 zölligen Vertikalkreis und ein 6 zölliges Passageinstrument, die dort seit 1900 unter der Direktion von J. Franz unaufgestellt gelagert hatten, weil die Mittel zur Aufstellung fehlten, in den Jahren 1920 bis 1921 zur Aufstellung bringen. Bereits in meiner ersten Veröffentlichung von Beobachtungen an den genannten beiden Breslauer Instrumenten: „Mittlere Oerter von 658 Doppelsternen nach Beobachtungen an den Breslauer Repsold'schen Meridianinstrumenten" (Astr. Nachr. Nr. 5325—26, Bd. 222, Oktober 1924, auch Veröffentlichungen der Sternwarte zu Breslau Nr. 3, 1925) habe ich nähere Angaben über die Aufstellung der beiden wertvollen Instrumente gemacht. Im Frühjahr 1922 begann ich nach Abschluß der Doppelstern-Messungen am Vertikalkreise mit einer dem Charakter und Zweck des Instrumentes entsprechenden systematischen Beobachtungsreihe absoluter Zenitdistanzen eines Systems von Fundamentalsternen und der Sonne zwecks Aufstellung eines Fundamentalsystems und Ableitung des Aequinoktiums in Verbindung mit den am Passageinstrument gleichzeitig von meinem damaligen Assistenten Dr. W. Rabe angestellten Durchgangsbeobachtungen.

In der vorliegenden Arbeit teile ich zunächst die Ergebnisse des Deklinationssystems und dessen Vergleich mit anderen Systemen mit. Gerade die Breslauer Sternwarte erweist sich für die Anstellung absoluter Beobachtungen ganz ausgezeichnet geeignet, weil Breslau ein ausgesprochen kontinentales Klima hat und deshalb an nicht endenwollenden Perioden klaren Himmels reich ist, speziell in den Jahren, in denen ich dort beobachtete und 170 Beobachtungstage auf das einzelne Jahr fielen und die Temperaturdifferenzen zwischen minus 20 und plus 30 Grad gelegen waren, sodaß für die Ableitung der Refraktionselemente die günstigsten Bedingungen gegeben sind. In Bezug auf die lokale Lage der neuen Sternwarte kommt als besonders günstiger Umstand hinzu, daß ich erwirken konnte, daß die Sternwarte an die östliche Stadtgrenze, und noch dazu an den östlichen Rand des umfangreichen Scheitniger Stadtparkes gelegt werden konnte, sodaß keine Gefahr für eine künftige Bebauung besteht. Nördlich vom Sternwartengelände befindet sich ebenfalls Parkanlage, ebenso südlich, sodaß hier überhaupt keine Bebauung vorliegt noch möglich ist, indem der Meridian nach Durchquerung des Parkes die Oder überstreicht und dann über die Wiesen

1*

4

der Morgenau hinwegführt. Oestlich der Sternwarte befindet sich das große Gelände der Stadtgärtnerei und schließlich nordöstlich der Sternwarte in 300 m Entfernung eine Siedlungsanlage und dann wieder Wiesengelände, sodaß die Lage der Sternwarte allgemein, speziell aber für Meridiankreistätigkeit als eine außerordentlich günstige und ungestörte zu bezeichnen ist.

Das Gebäude, in dem sich der Vertikalkreis und das Passageninstrument, durch eine Wand getrennt, gemeinsam auf demselben, 7 m langen, 3 m breiten und 3 m tiefen Pfeilerfundament befinden, wurde absichtlich aus Holz errichtet, nicht aus Metall, damit die Erwärmung des Hauses und der dadurch verstärkte aufsteigende Luftstrom möglichst herabgesetzt werden und einen geringstmöglichen Einfluß auf die Tagesbeobachtungen gewinnen konnte. Zur Abhaltung der Sonnenstrahlen wurde das ganze Gebäude obendrein weiß gestrichen und lackiert. Die Dimensionen des Gebäudes wurden zur weiteren Verminderung resp. Beseitigung der Saalrefraktion so klein als möglich gehalten, nämlich von der Größe 4.3 mal 9.3 = 40.0 qm Bodenfläche und $3\frac{1}{2}$ m Höhe über dem Fußboden, wobei das Dach sehr flach nach Norden und Süden abfiel; die Form des Meridian-Querschnittes wird bei der Untersuchung der Saalrefraktion gegeben werden. Die Spaltbreite war 1.90 m, sodaß das Instrument so gut wie in freier Luft aufgestellt war, wie auch aus der folgenden Diskussion der Beobachtungen hervorgehen wird. Bei den Tagesbeobachtungen um die Zeit der Sonnenkulmination wurde eine über den ganzen Südteil des Spaltes laufende Spaltgardine in Form eines kräftigen Patentrollers hochgezogen, der bis zum Zenit reichte; alsdann wurden alle Sterne durch die Öffnung dieses Rollers hindurch beobachtet.

Über die Dimensionen des Fernrohres sei noch bemerkt, daß der Objektivdurchmesser des Steinheilschen Objektives 6 Zoll, also 162 mm beträgt und daß die stets verwendete Vergrößerung eine 220 fache war. Des Nachts wurden alle Sterne durch Drahtgitter vor dem Objektive abgeblendet, und zwar um 2,0 bis 2,8 Größenklassen, wobei noch die Objektivöffnung selbst im Bedarfsfalle mittels einer Objektivblende auf 4 Zoll Öffnung verkleinert wurde. Wurde bei Tage kein Gitter verwendet, so wurde doch stets ein nicht abblendender Deckel aufs Objektiv gesetzt, der dasselbe Gewicht wie die mit Draht bespannten Gitter besaß, sodaß keine Änderung der Rohrbiegung möglich war.

Bei der Reduktion der Messungen wurde ich in dankenswerter Weise und wesentlich auf Rechnung der Notgemeinschaft der deutschen Wissenschaft, besonders von den Herren Rabe, Schembor und Stumpff tatkräftigst unterstützt, wofür ich denselben meinen wärmsten Dank zum Ausdruck bringe.

§ 1. Programm und Instrument.

Ich wählte die im weiter unten folgenden Kataloge aufgeführten 110 Fundamentalsterne des N. F. K. aus, von denen gerade die Hälfte, 55, gleichzeitig auch in unterer Kulmination beobachtet werden konnten, wobei z = 82° als Maximum der Zenitdistanz fixiert wurde. Es konnte während der Beobachtungsreihe aber immer wieder festgestellt werden, daß es mit Rücksicht auf die Bildbeschaffenheit der Sterne für die Zwecke der Forschung, speziell der Herstellung eines Fundamentalsystems, völlig illusorisch ist, überhaupt über z = 80° hinauszugehen, wie es viele Beobachter immer wieder tun, indem die schlechten dispergierten Bilder auch bei sonst bester Luft mit so großer Unsicherheit und physiologischen Auffassungsfehlern auch bei Einstellung auf bestimmte Spektralteile behaftet sind, daß sie für die Präzisionsastronomie, speziell zur Ableitung der Refraktionsparameter völlig wertlos sind; ich habe deshalb eine Reihe von Sternen, die bis z = 87° gingen und anfangs mitbeobachtet wurden, bald von der weiteren Beobachtung ausgeschlossen. Ich hatte mir zur Aufgabe gestellt, die Programmsterne mindestens je 8 mal in jeder der beiden Objektivlagen, bei den extremsten Temperaturen und außerdem sämtlich bei Tage wie bei Nacht zu beobachten. Insgesamt wurden tatsächlich an 332 Beobachtungstagen 3075 Zenitdistanzen von Programmsternen, darunter 812 Zenitdistanzen von α Urs. Min., und zwar 164 Messungen ohne und 648 mit Mikrometerbenutzung, außerdem 183 vollständige Zenitdistanzen der Sonne erhalten; die Zahl der Tagesbeobachtungen der Sterne belief sich auf 450 Beobachtungen, die der Nachtbeobachtungen auf 1813. Von den polnahen Sternen sollte α Urs. min. ganz speziell bevorzugt werden, einmal durch dauernde Beobachtung bei Tage wie bei Nacht, indem ich mir die Aufgabe stellte, die an sich und speziell für den Vertikalkreis neu ist, nämlich den Polarstern nicht nur im Meridian, wie es bisher am Vertikalkreis üblich war, sondern zu jeder Stunde, also in jedem möglichen Azimut in Zenitdistanz zur Ableitung seiner Äquator-Koordinaten zu messen; deshalb wurde jede Beobachtungszone bei Tage wie bei Nacht mit der Einstellung des Polarsterns begonnen, alle Pausen zwischen den Sternbeobachtungen mit der Messung des Polarsterns ausgefüllt und jede Reihe mit ihm beschlossen, um auf diese Weise ein umfangreiches Material für die Korrektion der Äquator-Koordinaten des Polarsterns zu gewinnen, was noch in Folgendem näher ausgeführt werden wird, zumal das Ziel von bestem Erfolge begleitet gewesen ist. Inmitten der gesamten Beobachtungsreihe wurden Objektiv und Okular mit Rücksicht auf die Biegung 3 mal vertauscht.

Da auch die Korrektion des Äquinoktiums bestimmt werden sollte, mußte das Programm der Sterne entsprechend ausgewählt und besonders die hellsten, auch bei Tage sichtbaren Zodiakalsterne eingeschaltet werden. Die Verteilung der Sterne auf jede einzelne A. R. = Stunde wurde möglichst gleichmäßig vorgenommen, sodaß durchschnittlich auf jede Stunde sieben Sterne kamen, die stets alle, ohne Hast in die Messungen hineinzutragen, beobachtet werden konnten; dabei lag stets ein Stern im Zenit, drei Sterne südlich und drei Sterne nördlich vom Zenit, worunter sich stets zwei Sterne als Refraktions- und Polhöhensterne in unterer Kulmination befinden und wobei schließlich noch eine möglichste Gleichmäßigkeit in der Verteilung über alle Zenitdistanzen nach Süden wie nach Norden bis z = 80° angestrebt wurde. Es sollte dadurch u. a. erreicht werden, daß auch bei kürzeren, etwa infolge eintretender Bewölkung abgebrochener Zonen doch immer ohne Verlust eine Reihe von allen Zielen zugleich dienenden Sternen beobachtet werden konnte. Der am Schluß folgende Katalog gibt das Beobachtungsprogramm wieder, wobei die auch in unterer Kulmination beobachteten Sterne aus der Tabelle S. 64 ersichtlich sind. Das Verzeichnis der beobachteten Zonen, auf die im Folgenden Bezug genommen werden wird, ist in der beifolgenden Tabelle zusammengestellt. Bei Tage wurden auch die Planeten Venus und Merkur oftmöglichst, besonders bei geringem Sonnenabstande gemessen, um einen Beitrag zur Frage der modernen Auffassung über ihre Ortsabweichung im Sinne der Relativitätstheorie zu erhalten.

Zone	Datum	Zone	Datum	Zone	Datum	Zone	Datum	Zone	Datum
	1922		**1923**		**1924**		**1924**		**1925**
1	Mai 8	67	Sept. 26	133	März 18/19	200	31/Aug. 1	266	Januar 14/15
2	11	68	27/28	134	19/20	201	August 1/2	267	20
3	13	69	28/29	135	20/21	202	Sept. 4	268	21
4	15	70	30/Okt. 1	136	22/23	203	„ 5	269	21/22
5	17	71	Okt. 1	137	23/24	204	6/7	270	23
6	19	72	7/8	138	25	205	7/8	271	23/24
7	20	73	8/9	139	25/26	206	8/9	272	27
8	22	74	11/12	140	26/27	207	9/10	273	30
9	24	75	15	141	29/30	208	10/11	274	Februar 2
10	26	76	18	142	30/31	209	11/12	275	4/5
11	27	77	18/19	143	31/April 1	210	12/13	276	7
12	30	78	19/20	144	April 4/5	211	13/14	277	9
13	31	79	21/22	145	5/6	212	19/20	278	10
14	Juni 1	80	25/26	146	6/7	213	20/21	279	10/11
15	6	81	26/27	147	7/8	214	21/22	280	11/12
16	7	82	28/29	148	10	215	22/23	281	17/18
17	8	83	29/30	149	12	216	23/24	282	18/19
18	9	84	30/31	150	23/24	217	24/25	283	20
19	16	85	Nov. 2/3	151	27/28	218	28/29	284	23
20	17	86	4/5	152	Mai 2	219	30	285	24
21	20	87	11/12	153	3	220	Okt. 1	286	24/25
22	22	88	13	154	6	221	1/2	287	25/26
23	23	89	16	155	12	222	2/3	288	27/28
24	28	90	20	156	13	223	3/4	289	März 3/4
25	Juli 2/3	91	21	157	13/14	224	6/7	290	8/9
26	4	92	25/26	158	14/15	225	7/8	291	10
27	5	93	28/29	159	15/16	226	9	292	26/27
28	6	94	Dez. 7/8	160	16/17	227	9/10	293	31/April 1
29	7/8	95	21	161	18/19	228	10/11	294	April 1/2
30	20/21	96	27	162	20	229	11/12	295	2/3
31	21/22	97	29	163	22	230	12/13	296	5/6
32	23/24		**1924**	164	22/23	231	13/14	297	6/7
33	30	98	Januar 3/4	165	23/24	232	16	298	7/8
34	30/31	99	6/7	166	28	233	16/17	299	8/9
35	Aug. 27/28	100	8/9	167	31	234	23	300	10/11
36	29	101	9/10	168	Juni 3/4	235	23/24	301	13/14
37	29/30	102	12	169	6/7	236	24/25	302	18
38	30/31	103	13/14	170	9/10	237	26/27	303	20/21
39	31/Sept. 1	104	14/15	171	10/11	238	29	304	22
40	Sept. 1/2	105	17	172	15/16	239	29/30	305	23
41	9	106	23	173	17	240	Nov. 1	306	23/24
42	10	107	23/24	174	19	241	2/3	307	26/27
43	10/11	108	25	175	19/20	242	4	308	30
44	12/13	109	26	176	20/21	243	4/5	309	Mai 4
45	15	110	29/30	177	22/23	244	5/6	310	7
46	16/17	111	30/31	178	25	245	7	311	8/9
47	18	112	31/Febr. 1	179	25/26	246	9/10	312	14
48	18/19	113	Februar 1/2	180	27	247	10/11	313	14/15
49	20/21	114	17/18	181	27/28	248	12	314	17/18
50	23	115	19	182	29/30	249	12/13	315	19/20
51	23/24	116	19/20	183	Juli 2	250	14	316	22
52	26	117	20/21	184	3/4	251	18	317	26
53	26/27	118	22/23	185	6	252	19/20	318	28
54	Okt. 6	119	24/25	186	6/7	253	23/24	319	29
55	6/7	120	25/26	187	9	254	24/25	320	29/30
56	7/8	121	28/29	188	10	255	25/26	321	Juni 5
57	8/9	122	29/Mä.1	189	11	256	26/27	322	7/8
	1923	123	März 3/4	190	11/12	257	28	323	11
58	Sept. 13/14	124	7	191	15	258	28/29	324	11/12
59	14/15	125	8/9	192	16	259	Dez. 9	325	13
60	16/17	126	9/10	193	16/17	260	12/13	326	19
61	18/19	127	10/11	194	20/21	261	22/23	327	Juli 3
62	19/20	128	13	195	21/22	262	26/27	328	15
63	20/21	129	13/14	196	24/25	263	29/30	329	17
64	21/22	130	14/15	197	25/26		**1925**	330	19/20
65	22/23	131	17	198	29	264	Januar 10	331	21
66	24/25	132	17/18	199	31	265	13/14	332	22

§ 2. Die Beobachtungsmethoden.

Das Beobachtungsverfahren war dem Instrument und seiner Ausrüstung anzupassen. Repsold hatte den Breslauer Vertikalkreis nicht mit einem Okular-Mikrometerapparat versehen, während andererseits ein solches Mikrometer zur Vervielfältigung der Einstellungen in Z. D. zur Elimination der atmosphärisch bedingten vertikalen Schwingungen, also zwecks Erhöhung der Genauigkeit jedes einzelnen Sterndurchganges, dringend erwünscht war. Deshalb konnten die ersten Messungen der absoluten Zenitdistanzen der Programmsterne sowie der Sonne von Frühjahr bis Herbst 1922 ohne Mikrometer-Einstellung, dann aber unter Verwendung eines von den Zeiß-Werken auf Rechnung der Notgemeinschaft der Deutschen Wissenschaft gelieferten Okularmikrometers, nach einer deshalb leider unvermeidlichen Unterbrechung der Beobachtungsreihe für nahezu $^3/_4$ Jahre angestellt werden. Jm Normalfalle wurden alle Messungen jedes einzelnen Sterns 3 bis 4 Minuten vor dem Meridiandurchgange in der einen, östlichen oder westlichen Lage des Fernrohres resp. Kreises zur Achse, alsdann ebenfalls 3 bis 4 Minuten nach dem Meridiandurchgange in der zweiten Lage des Fernrohres ausgeführt. Diese Zeitdifferenz erwies sich als notwendig, wenn jede Hast bei den Messungen vermieden werden sollte. Alle Sterne, die innerhalb 10° nördlich oder südlich vom Zenit kulminierten, wurden zur Vermeidung der physiologisch schwer zu erfassenden schiefen Durchgänge stets im Meridian in beiden Fernrohr- resp. Kreislagen beobachtet, wofür es aber bei der Kürze der Durchgangszeit von $1^m 56^s$ vom ersten bis zum letzten Faden notwendig war, die Kreisablesung in der ersten Lage kurz vor dem Antritt des Sterns und die der zweiten Lage, nach Drehung des Fernrohres um 180°, dem Austritt entsprechende Kreisablesung alsdann nach dem Durchgange, wie bei den übrigen Sternen, vorzunehmen; dabei wurden mindestens zwei, höchstens vier Mikrometerfaden-Antritte in jeder Lage beobachtet, am ersten und folgenden Vertikalfaden und nachher symmetrisch zum Meridian am Faden 15 und 16 etc. Die Äquatorabstände der Fäden vom vertikalen Mittelfaden waren die folgenden:

Fadenabstände, Kreis Ost, obere Kulm.

Faden Nr.	1	2	3	4	5	6	7	8	9	10	11	12	13	14	15	16
Äquator - Abstand	45.13^s	35.12	25.07	22.54	20.04	17.54	14.96	5.02	5.02	14.98	17.54	20.06	22.60	24.76	35.14	45.25

Im Normalfalle der nichtzenitalen Sterne erfolgten die Einstellungen zur sicheren und bequemen Feststellung der Lage im Gesichtsfelde stets nur an den zum Mittelfaden symmetrischen Stellen der Vertikalfäden und stets in gerader Zahl, zwecks Elimination des toten Ganges der Schraube, der trotz mehrfachen Eingriffes der Zeißwerke niemals ganz zum Verschwinden gebracht werden konnte, sodaß stets unter abwechselnder Drehung der Schraube nach links und rechts auf den horizontalen, einfachen Faden eingestellt wurde. Ferner wurden die Einstellungen, vier bis zehn an Zahl, zur Mitte symmetrisch auch deshalb vorgenommen, um die Fadenneigung, wenn sie auch immer bestimmt wurde, doch bei jeder Beobachtung zu eliminieren; schließlich geschahen alle Einstellungen zur möglichsten Vermeidung der Schraubenfehler und zwecks Vereinfachung der Reduktion stets in der

Nähe des horizontalen festen Mittelfadens. Bei den Zenitsternen war die letztere Art der Einstellung wegen der vorherigen Klemmung des Fernrohrs und Ablesung der Mikroskope, bevor der Stern im Gesichtsfelde gesichtet war, nicht in Strenge möglich, sodaß die Einstellungen oft in weiterem Abstande vom horizontalen Mittelfaden erfolgen mußten; dann konnten aber die Einstellungen in der zweiten Lage doch an derselben Stelle der Schraube wie bei der ersten Lage vorgenommen werden, indem der Stern mit der Feinbewegung an diese Stelle gerückt werden konnte. Die Trommellibelle wurde in jeder Lage stets vor Beginn und nach Schluß der Kreisablesungen abgelesen, aber die Stabilität der Aufstellung war so groß, daß fast niemals Änderungen um mehr als 0.1 Partes = $0\rlap{.}''1$ festgestellt wurden.

Vor jeder Beobachtung wurde das Instrument sowohl in Höhe als im Azimut mäßig stark geklemmt und nötigenfalls mit den Feinbewegungen nachgeführt. Bei jedem Stern wurde zur doppelten Sicherstellung der Reduktion auf den Meridian einmal die Zeit des ersten Fadenantrittes nach der Uhr auf $0\rlap{.}^{s}1$ fixiert und außerdem die zugehörige azimutale Einstellung des Horizontalkreises abgelesen, wodurch auch in verschiedenen Fällen entstandene Zweifel über den Stundenwinkel beseitigt werden konnten; aus der Zeit des ersten Fadenantrittes ergaben sich auf Grund der bekannten Fadenabstände rechnerisch die Momente aller anderen Antrittszeiten. Bei a Urs. min. wurden stets 10 Antritte an dem beweglichen Faden in der Nähe des mittleren Vertikalfadens beobachtet und dabei wurde der Stern bei seiner ersten Einstellung im Gesichtsfelde mit Rücksicht auf seine Bewegung immer so orientiert, daß die Fadenneigung möglichst herausfallen mußte, trotzdem aber immer in Rechnung gestellt wurde.

Eine eingehende Beschreibung des Instrumentes im Allgemeinen erübrigt sich, da der Breslauer Sechszöller (1980 mm Brennweite) dem vierzölligen Vertikalkreise (1400 mm Brennweite) der Pulkowaer Filiale in Odessa von Repsold völlig nachgebildet worden ist und dieses letztere Instrument in dem Aufsatz von Orbinsky „Die Odessaer Abteilung der Nikolai-Hauptsternwarte" ausführlich beschrieben wurde, sodaß ich im Folgenden nur die besonderen Abweichungen von dem Odessaer Instrument bei passender Gelegenheit zu fixieren brauche.

§ 3. Instrumentalfehler und Reduktionselemente.

a) Mikroskope.

Die vier dem Instrument beigegebenen Mikroskope, die an der großen Trommel des Instrumentes befestigt sind, wurden alle zur Kreisablesung herangezogen, wobei sie paarweise unter 60° gestellt wurden, sodaß jeder Durchmesser eine Zenithdistanz von 60° besaß. Alle vier Mikroskope wurden mit von Zeiß gelieferten Reversionsprismen versehen, sodaß alle Teilstriche zur Vermeidung von Richtungsfehlern in derselben relativen Lage vertikal eingestellt werden konnten; die senkrechte Stellung der Mikroskope zum Kreise wurde mit Libellen exakt geprüft. Die Länge der Mikroskope beträgt 70 cm und ihre Vergrößerung beträgt 30. Eine Umdrehung der Schraube der vier Mikroskopmikrometer beträgt 60 partes = 60″ bis auf den Run, der an einer Reihe von Intervallen von der Länge von 4′ auf dem von 2′ zu 2′ geteilten Kreise von 80 cm Durchmesser vielfach auf seine Konstanz mit der Zeit und Temperatur geprüft und sehr stabil befunden wurde. Repsold hatte im Gesichtsfelde jedes Mikroskopes zwei Fadenpaare im gegenseitigen Abstande von $1\frac{1}{2}$ Umdrehungen angebracht; beide Paare wurden bei der Ablesung des Kreises verwendet, indem das eine auf den vorbeigehenden, das andere auf den folgenden Teilstrich eingestellt wurde, sodaß im Mittel der vom einfachen Drehwinkel abhängige periodische Schraubenfehler stets heraus-fiel. Im übrigen ergab die spezielle Untersuchung der Schrauben unter Verwendung der von Repsold in der Nähe des O-Striches neben der regulären Teilung aufgetragenen Spezial-striche, daß die Schrauben praktisch als fehlerfrei zu betrachten sind und die Ablesungen in dieser Beziehung keiner Korrektion bedürfen.

b) Kreis und Teilfehler.

Da die Beobachtungsreihe im Sommer 1925 vor meiner Übersiedelung nach München gerade noch erledigt werden konnte, so war eine vollständige Bestimmung der Teilfehler nicht mehr möglich. Die Untersuchung der 5°-Striche wurde begonnen, konnte aber nicht beendet werden, sodaß ich deshalb Herrn Professor Schönberg gebeten habe, baldmöglichst eine Teilfehler-Untersuchung durchführen zu lassen, damit die Möglichkeit besteht, meine Beobachtungen, wenn es nötig sein sollte, eventuell noch um die Teilfehler zu korrigieren.

Nach den Untersuchungen an den vielen anderen Repsoldschen Kreisen ist kaum anzu-nehmen, daß die Teilfehler bei einem Mittel von vier Mikroskopen mehr als ± 0.25 be-tragen, sodaß das Fehlen einer Teilfehlerbestimmung praktisch nicht als Mangel zu betrachten ist, zumal es doch niemals möglich ist, die Fehler aller Striche oder auch nur die den beobachteten Zenithdistanzen entsprechenden Fehler zu bestimmen, wie es in Strenge not-wendig wäre, während die Berücksichtigung von extrapolierten Teilfehlern sinnlos sein kann, hat doch die Anbringung solcher Teilfehler bekanntlich in vielen Beobachtungsreihen eine Verschlechterung der Übereinstimmung erzeugt. Wohl ist eine Teilfehlerbestimmung theo-retisch für eine Beurteilung der Genauigkeit der Teilung im Allgemeinen von hohem Werte, aber praktisch ist sie aus den angeführten Gründen, besonders bei Repsoldschen Teilungen, belanglos. Die ständig innegehaltene Reihenfolge der Ablesung der genannten vier Mikro-skope war die, daß 1. das Mikroskop links unten, dann 2. das links oben, 3. das rechts oben und 4. das rechts unten befindliche Mikroskop abgelesen wurden.

c) Niveaus, Aufstellungskonstanten und Fadenneigung.

Das von Peßler in Freiberg in Sachsen stammende Hauptniveau zur Kontrolle der Bewegung der die Mikroskope tragenden Trommel ist an einem schweren und kräftigen Träger an der obersten Stelle der Trommelrundung befestigt. Die Ablesung desselben erfolgte vor Beginn und nach Beendigung der Ablesung der vier Mikroskope. Der Parswert wurde bei den verschiedensten Temperaturen und, ohne die Libelle aus ihrer Fassung zu nehmen, bestimmt, indem das Niveau mit seiner ganzen wuchtigen Befestigungsvorrichtung auf den Kubus des horizontal gestellten Fernrohrs gelegt und alsdann der Parswert an den verschiedenen Stellen der Libelle ermittelt wurde, indem das Fernrohr differenziell ver-schoben wurde unter Ablesung der Verschiebung an dem Mikroskop 1 bei zehnmaliger Wiederholung dieser Ablesung und Beobachtung aller Vorsichtsmaßregeln und möglichst symmetrischer Anstellung des Verfahrens.

Als Mittelwert folgt für den Betrag des Parswertes: $p = 0.951$, der der Reduktion zugrundegelegt wurde. Eine merkliche Änderung mit der Temperatur konnte nicht festgestellt werden. Die Trommellibelle wurde außer zur Reduktion der Kreisablesungen auf die der

Libellenmitte 30,0 entsprechende Trommel- und Mikroskoplage auch zur Bestimmung und Kontrolle der Lage der Vertikalachse des Instrumentes gegen das Zenith und den Meridian benutzt. Zuerst wurde die Trommellibelle bei der Lage des Instrumentes im Meridian, der durch die Ablesung $A = 116^0\ 3'$ des Horizontalkreises sehr nahe fixiert wird, abgelesen, ebenso nach horizontaler Drehung des Instrumentes um 180°, wodurch die Projektion der Neigung i der Vertikalachse gegen das Zenith auf den Meridian erhalten wurde, wobei die Projektion positiv gerechnet wurde, wenn die Vertikalachse vom Zenith aus nördlich gelegen ist. Ebenso wurde die Projektion der Neigung auf die Ost-West-Richtung bestimmt, indem die Trommel nach Norden und Süden gedreht wurde, wobei die Projektion positiv war, wenn der Schnittpunkt der Vertikalachse mit der Sphäre auf der Ostseite des Meridians gelegen war. Dann waren also die Neigung i der Vertikalachse und das Azimut A ihres Schnittpunktes an der Sphäre, wenn L_i die Lage der Libellenmitte fixiert:

$$i = V\overline{[\tfrac{1}{2}\,(L_1 - L_2)]^2 + [\tfrac{1}{2}\,(L_3 - L_4)]^2} \quad \text{und tg } A_0 = \tfrac{1}{2}\,(L_4 - L_3) : \tfrac{1}{2}\,(L_1 - L_2)$$

auf Grund der Ausgangsformel: $b = i' - i \cos (A - A_0)$, wo i' der Winkel zwischen den Achsen, $i =$ Winkel zwischen Vertikalachse und Zenith und endlich b die zum Azimut A gehörige Neigung der horizontalen zur Vertikalachse und horizontalen Drehungsachse senkrecht gedachten Achse gegen die Horizontalebene, oder auch $b =$ Neigung der Projektion der Vertikalachse auf die durch die Trommellibelle gehende, auf dem Horizonte senkrecht stehende Ebene gegen die Zenithrichtung. Zur laufenden Kontrolle der Stabilität der Aufstellung wurde diese Bestimmung des öfteren vorgenommen. Die Ergebnisse sind aus der folgenden Tabelle ersichtlich, in welcher die vor allem interessierende Komponente $i_w =$ Projektion der Neigung der Vertikalachse gegen das Zenith auf den Meridian für den Beobachtungszeitraum zusammengetragen ist.

Tabelle für i_w.

Datum		i_w	Datum		i_w	Datum		i_w	Datum		i_w	Datum		i_w
1922			1922			1923			1924			1925		
April	18	$-1''10$	Nov.	22	$+0.25$	Juli	30	-1.67	„	28	-2.53	Januar	19	-2.53
Mai	15	-0.32	Dez.	17	$+0.17$	Sept.	9	-0.25	Juni	16	-3.09	April	20	-1.95
Juni	18	$+0.49$	1923			Okt.	7	-0.14	„	23	-4.46	Mai	4	-3.50
Juli	17	$+0.30$	Januar	21	-0.53	1924			Aug.	1	-2.48	Juni	22	-2.47
Aug.	28	$+1.76$	Februar	25	-0.86	Januar	21	-1.00	Dez.	8	-1.98	Juli	6	-2.41
Sept.	4	$+0.82$	März	25	-0.89	Februar	11	-1.72	„	22	-1.95			
„	18	$+0.39$	April	29	-0.30	Februar	25	-2.74	1925					
„	25	$+0.81$	Mai	27	-1.00	März	24	-3.12	Januar	5	-2.41			
Okt.	22	$+4.29$	Juni	24	-1.70	April	14	-2.65	„	12	-2.16			

Während sich im ersten Jahre eine Periode eines Jahres klar abhebt, ist sie später verwischt und im letzten Jahre ist i_w sogar nahe konstant.

Daraus ergibt sich also eine erfreuliche Stabilität der Aufstellung, sodaß die Korrektionsschraube, welche die Bewegung der Vertikalachse in der Richtung des Meridians bestätigt, niemals mehr verstellt zu werden brauchte, nachdem die erste Einstellung geschehen war.

Die 2. Libelle, die von Repsold an einem Zapfen in der Verlängerung der Horizontalachse des Instrumentes und zwar um diesen Zapfen schwingend angebracht ist, ist wohl geeignet, eine Änderung der Neigung der Horizontalachse während einer Zone zu kontrollieren und ferner ebenso, wie die Trommellibelle, die Lage der Vertikalachse zu bestimmen; für beide Zwecke ist sie oft verwendet worden; nicht verwendbar ist sie aber, um etwa die Neigung der Horizontalachse gegen den Horizont und den Winkel zwischen Vertikal- und Horizontalachse zu bestimmen, da sie nicht umgesetzt werden kann und prinzipiell insofern nicht die Neigung des kurzen letzten Achsenstückes, das als Träger und wirkliche Achse des Fernrohrs zu betrachten ist, geben kann, weil der Zapfen eine andere Biegung als das genannte Achsenstück besitzt; sieht man von der Differenz der Biegungen ab, so bleibt immer noch der Umstand der Nichtumlegbarkeit der Libelle als Hindernis für die Bestimmung der Achsenneigung. Die Achsenneigung der Horizontalachse wurde deshalb durch Meridianpassagen ermittelt, indem die Konstanten der Besselschen Formel $\Delta u + m$, n und c abgeleitet wurden, wobei der mit m direkt verbundene Uhrstand Δu den laufenden Zeitbestimmungen am Passageinstrument entnommen wurde; aus m und n wurde dann die Neigung i der Achse in bekannter Weise abgeleitet und zusammen mit der Kollimation c und den Fadenabständen für die Reduktion der seitlich vom vertikalen Mittelfaden erfolgenden Einstellungen in Zenithdistanz auf die Kollimationslinie verwendet, zumal die Einstellungen bei ihrer vielfachen Anzahl fast immer außerhalb des Meridians stattfanden. Bezüglich der numerischen Ergebnisse der Bestimmung dieser Instrumentalfehler sei auf weiter unten verwiesen.

Die Fadenneigung war einmal mit Rücksicht auf die Polarstern-Beobachtungen zu bestimmen, ferner weil die Sterne innerhalb der Zenithdistanz $\pm 10^{\circ}$ stets nur im Meridian und zwar in beiden Lagen des Instrumentes beobachtet wurden, sodaß die Einstellung in jeder Einzellage durch Einstellung an den ersten zwei bis vier Fäden unsymmetrisch zum Mittelfaden vorgenommen werden mußte, indem die Umlegung des Instrumentes ruhig und sicher während 30 Sekunden im Moment des Durchganges durch den Meridian erfolgte. Die Fadenneigung wurde aus ad hoc angestellten Meridianbeobachtungen ermittelt, weil die Ableitung aus den extrameridionalen Programmbeobachtungen mit Rücksicht auf die umfangreiche Reduktion zu umständlich und wegen der geneigten Durchgänge zu unsicher war. Mit Rücksicht auf die öftere Vertauschung von Objektiv und Okular mußte die Bestimmung der Fadenneigung ebenso oft wiederholt werden. Die Einzelwerte brauche ich nicht anzugeben, da sie kein prinzipielles Interesse beanspruchen können.

d) Schraubenwert.

Der Revolutionswert des Okularmikrometers von Zeiß wurde bei den verschiedensten Temperaturen mehrfach bestimmt und zwar aus der Höhenänderung des Polarsternes bei feststehendem Vertikalkreis, besonders zur Zeit der größten Digression, zumal hier bei geringster Zeitänderung am allerwenigsten ein Nachteil aus einer etwaigen Änderung der Aufstellung des Instrumentes innerhalb der Beobachtungszeit zu befürchten war; natürlich wurde die Bestimmung des Schraubenwertes immer nur an den Tagen, wo a Urs. min. die besten Bilder zeigte, vorgenommen; etwaige Änderungen der Trommellibelle wurden stets in Rücksicht gezogen. Mit der Bestimmung des Schraubenwertes wurde gleichzeitig eine Untersuchung der Schraubenfehler verbunden, wenn auch die Einstellungen der Programmsterne stets in unmittelbarer Nähe des Nullpunktes in der Nähe des festen Horizontalfadens

2*

innerhalb $\pm\,0.3$ Revolution Abstand erfolgten, außer bei den Zenithsternen, bei denen wegen der vor der Beobachtung erfolgenden Kreiseinstellung und Ablesung eine Wahl der Schrauben-einstellung nicht möglich war. Das Ergebnis von 12 Einzelbestimmungen, also an 12 Tagen, lieferte den zur definitiven Reduktion verwendeten Schraubenwert: $s = 20\overset{.}{.}956$. Merkliche fortschreitende Fehler der Schraube waren nicht nachweisbar, ebensowenig periodische Fehler.

e) Meteorologische Instrumente.

Zur Untersuchung des Temperaturzustandes im Boobachtungsraume wurden 8 Thermo-meter verwendet, 6 im Beobachtungsraum und 2 außerhalb desselben. Das eine Außen-thermometer befand sich im Norden des Meridiankreis-Gebäudes in 3 m Abstand von der Nordwand in der Mitte des Abstandes zwischen den beiden Meridian-Instrumenten, das zweite befand sich in 30 m Abstand vom Zentrum des Meridiankreis-Gebäudes und zwar in der Richtung SW in der englischen Hütte der meteorologischen Station der Sternwarte; dieses letztere Thermometer war aber dem Baumbestande des Parkes so nahe, rund 10 m, während das erstere Thermometer 25 m vom Parkrande entfernt war, daß die Angaben des Hüttenthermometers gegen die des Außenthermometers am Beobachtungshause um $\pm\,1^{0}$ schwankten, je nachdem die Sonne im Osten stand ($+\,1^{0}$) und auf die Hütte schien oder im Westen stand ($-\,1^{0}$), sodaß die englische Hütte alsdann im Schatten des Parkes lag, während die Sonne noch auf das Beobachtungshaus schien; es zeigte sich, daß bei Tage bei Sternbeobachtungen, also bei Sonnenschein, die Temperaturen im Beobachtungs-saal sicher die des Thermometers nu, aufgehängt im Nordspalt unten, höher als die Hütten-temperatur H, bei Nacht aber H höher als nu war. Die englische Hütte war deshalb für die Ermittelung der Außentemperatur nicht zu gebrauchen. Zu Beginn der Beobachtungs-reihe standen nur ein einziges Aßmannsches Aspirations-Psychrometer, im übrigen vier gewöhnliche Fueßsche Thermometer mit 0.1 Gradeinteilung zur Verfügung, die aber baldigst durch vier Aßmannsche Psychrometer ersetzt wurden. Alle Thermometer waren mit dem Prüfungsschein der Physikalischen-Technischen Reichsanstalt versehen und die jeweils er-forderlichen kleinen Korrektionen wurden an alle Thermometer-Ablesungen angebracht. Im Spalt und im Beobachtungsraum wurden die folgenden Thermometer angebracht (siehe auch die Zeichnung, die einen Querschnitt durch den Meridian darstellt):

1. Nord-unten $= nu$,	2. Nord-oben $= no$,
3. Mitte-oben $= mo$,	4. Mitte-unten $= mu$, direkt über der Trommel des Instrumentes
5. Süd-oben $= so$ und	6. Süd-unten $= su$;

gelegentlich wurden außerdem noch in der Mitte zwischen mo und so und ebenso zwischen mo und no, besonders bei den Tagesbeobachtungen ohne Wind, wenn die Luft sich hinter der Spaltgardine staute, zwei weitere Thermometer sm und nm benutzt. Die gebrochene Linie BDC deutet das Dach an, sodaß also das Thermometer m_o noch 40 cm über dem Dachfirst D gelegen ist. Der Punkt A fixiert die Lage der Horizontachse und der gestrichelte kleinste Halbkreis den Weg des Objektives bei Drehung des Instrumentes. Die Horizontale $F_n\,F_s$ fixiert den Fußboden, F_n die Nord-, F_s die Südseite.

Als Barometer diente das Fueßsche Barometer der meteorologischen Station, das sich im Dienstgebäude im Parterre befand und stets vor Beginn und nach Schluß jeder Tages- und Nachtzone und auch dazwischen abgelesen wurde.

Das Verhalten der Temperatur im Beobachtungsraum war nun das folgende: Auf Grund des oben beschriebenen Verhaltens des deshalb unbrauchbaren Thermometers in der englischen Hütte erwies es sich als notwendig, als Bezugspunkt für die Außentemperatur in der Umgebung des Instrumentes und damit als Bezugspunkt für die Refraktion die Angaben eines Thermometers, natürlich eines Aspirations-Thermometers, zu wählen, das sich in einem Abstande von 3 m von der Nordwand des Beobachtungshauses befand und dauernd der Sonnenbestrahlung entzogen war. An einem Pfahl wurde dieses Aßmannsche Thermometer in Höhe der Horizontal-Achse des Vertikalkreises vielfach beobachtet und mit der ebenfalls mit dem Aßmannschen Aspirations-Psychrometer gemessenen Temperatur an der Stelle n_u verglichen; meist wurde sogar dasselbe Aßmannsche Psychrometer unmittelbar hintereinander am Nordpfahl und bei n_u verwendet. Beachtenswerterweise ergab sich keine Differenz, was bei der großen Breite des Spaltes und den geringen Ausmaßen des Beobachtungshauses fast zu erwarten war, so daß die Temperatur von n_u als Außentemperatur betrachtet werden konnte. Wie die Figur zeigt, liegen die Thermometer nu, no, mo, so, su nahe auf einem um die Horizontalachse als Mittelpunkt geschlagenen Kreise. Es fragt sich, ob die Isothermen ebenfalls auf einem solchen Kreise gelegen sind und ob eine Korrektion der Zenithdistanzen wegen Korrektion der Temperatur und zwar wegen Reduktion der angenommenen Temperatur auf die am Objektive stattfindende Temperatur notwendig ist. Der Beobachtungsraum war absichtlich so klein als möglich gewählt, daß das Instrument fast als in freier Luft stehend zu betrachten war, aber ganz ist die

Saalrefraktion nie zu vermeiden, wenn sie auch sehr klein ist, wie aus den folgenden Betrachtungen hervorgeht. Als erste Näherung war für die Berechnung der Beobachtungen das Mittel aller Thermometer $M = {}^1/_5 (nu + no + mo + so + su)$ angenommen worden, sodaß die Abhängigkeit von M von der Temperatur am Objektive in beliebiger Zenithdistanz zu untersuchen und in Rechnung zu stellen ist.

Zunächst sind die Reduktionen der gewöhnlichen Thermometer auf „Aspiration" abzuleiten, da nicht immer an allen Stellen und gleichzeitig im Spalt Aßmannsche Aspirations-Thermometer benutzt werden konnten. Zur Ableitung der Reduktion wurden deshalb vielfach an derselben Stelle eines der gewöhnlichen Fueßschen Thermometer und gleichzeitig ein Aßmannsches Aspirations-Thermometer angebracht und abgelesen und zwar an den Stellen: *mu, mo, su* und *nu*, nur einige wenige Male an den Stellen *so* und *no*; im Mittel aus *n* Ablesungen, wo *n* in der folgenden Tabelle in Klammern neben dem Werte für $\varDelta$ fixiert ist, ergaben sich dann für die verschiedenen Temperaturen die folgenden Differenzen im Sinne (gewöhnliches Thermometer) — (Aspirations-Thermometer) $= \varDelta$:

Temp.	$-5^0 \ldots -0^0$	$0^0 \ldots +5^0$	$+5^0 \ldots +10^0$	$+10^0 \ldots +15^0$	$+15^0 \ldots +20^0$	$+20^0 \ldots +25^0$	$+25^0 \ldots +30^0$
mu	— 0.35 (15)	— 0.38 (15)	— 0.34 (29)	— 0.20 (33)	— 0.07 (23)	+ 0.23 (10)	+ 0.24 (10)
mo	— 0.43 (11)	— 0.40 (20)	— 0.50 (18)	— 0.30 (21)	— 0.34 (15)	— 0.19 (7)	+ 0.22 (5)
nu	— 0.29 (22)	— 0.32 (38)	— 0.24 (52)	— 0.30 (23)	— 0.16 (25)	+ 0.10 (18)	+ 0.02 (10)
su	— 0.38 (26)	— 0.20 (26)	— 0.30 (25)	— 0.27 (21)	— 0.20 (2)		

Allgemein folgt also, daß die Differenz: (Gewöhnliches Thermometer) — Aspirations-Thermometer $= \varDelta$ mit der Temperatur veränderlich und zwar bis zur Temperatur $+ 20^0$ C., für *mo* noch bis $+ 25^0$, negativ ist, d. h. die Aspirationsthermometer an allen Stellen im Saal eine höhere Temperatur als die gewöhnlichen Thermometer angeben, bei Tag wie bei Nacht. Dieses Ergebnis stimmt mit den Ergebnissen der Nachtbeobachtungen der Pulkowaer Filiale in Odessa überein, wie aus den „Publications de l'Observatoire Central Nicolas, Serie II, Vol. 16, Fasc. 1: Observations etc. par Orbinski et Koudriawtzew, red. par M. Nyrén, 1907, Seite 10 etc. hervorgeht. Bemerkenswert ist dabei die ideale Aufstellung des Odessaer Vertikalkreises, insofern derselbe so gut wie in freier Luft aufgestellt war, indem die ganze Bedachung beiseite geschoben werden konnte und auch wurde. Andererseits ist für das Breslauer Gebäude auffällig, daß bei Temperaturen über 20^0 resp. 25^0 das entgegengesetzte Verhalten von $\varDelta$ eintrat, sodaß das Aspirations-Thermometer von hier ab niedere Temperaturen anzeigte, was vielleicht darauf beruht, daß bei den hohen Temperaturen die Strahlung auf die ungeschützten Thermometer merkbaren Einfluß zu gewinnen vermochte, sodaß diese Thermometer von nun ab höhere Temperatur als die Aspirations-Thermometer angaben.

Bei den geringen Dimensionen des Beobachtungsraumes und der nicht sehr verschiedenen Höhenlage der Thermometer *nu* und *no*, ebenso von *su* und *so*, ist zumal bei der ganz symmetrischen Anordnung des Beobachtungsgebäudes nach Norden wie nach Süden anzunehmen, daß die ev. Wärmestrahlung für *nu* und *no*, ebenso für *su* und *so* sehr nahe dieselbe ist, sodaß

$$nu - (\text{Aspiration } nu) = no - (\text{Aspiration } no)$$
$$su - (\text{Aspiration } su) = so - (\text{Aspiration } so).$$

Obige Tafel zeigt, daß tatsächlich *su* — Ass. *su* sehr nahe $= nu$ — Assm. *nu*; die Mittelbildung nach der Anzahl als Gewicht ergibt, wobei *mo* — (Assm. *mo*) nochmals zum Vergleich beigefügt ist, die folgende Tabelle für die gesuchte Differenz:

Temperatur	su — (Ass. su) = nu — (Ass. nu)	mo — Ass. mo
— 5°... 0°	— 0.30 (48)	— 0.43 (11)
0 ...+5°	— 0.27 (64)	— 0.40 (20)
+ 5 ... 10°	— 0.26 (77)	— 0.50 (18)
10 ... 15	— 0.29 (44)	— 0.30 (21)
15 ... 20	— 0.15 (27)	— 0.34 (15)
20 ... 25	+ 0.10 (18)	— 0.19 (7)
+ 25 ... 30	+ 0.02 (10)	+ 0.22 (5)

Dagegen zeigt sich nach der früheren Tabelle, daß mu—(Ass. mu) und mo—(Ass. mo), nicht als gleich zu betrachten sind. Bei mu ist nämlich in Anbetracht der Lage mitten im Beobachtungsraum, wie die Tabelle bestätigt, die Strahlungswirkung mit der Temperatur schneller veränderlich, bei mo langsamer, indem die Nullgrenze erst bei 25° erreicht wird, bei mu schon bei 20, ebenso bei nu und su.

An die Temperatur $M = \frac{1}{5} (nu + su + no + so + mo)$ ist zur Reduktion auf $\frac{1}{5}$ (Assm. $nu + su + no + so + mo$) auf Grund der obigen Tabellen anzubringen:

Temp.	Red. von M auf. Ass. M
— 5°... 5°	— 0°33 C.
0 ... 5	— 30
+ 5 ...10	— 31
10 ...15	— 29
15 ...20	— 19
20 ...25	+ 04
25 ...30	+ 06

Für die Refraktionsbestimmung und -berechnung ist nun die Untersuchung der Differenz zwischen der Temperatur O am Objektive in jeder Zenithdistanz und der eben genannten Temperatur M, die in erster Näherung der Refraktionsberechnung zu Grunde gelegt wurde, anzustellen. Die Außentemperatur nu wurde als Bindeglied benutzt, sodaß $O-M = (O-nu) + (nu-M)$, und es wurde $nu-M$ zuerst untersucht, zumal das Verhalten von M gegen die Außentemperatur von Bedeutung ist. Es ergab sich in dieser Richtung das folgende Bild:

Temperaturen	—5°...0°	0...+5	+5...10	10...15	15...20	20...25	25...30
Ass. $nu-M$	+0.26 (10)	+0.41 (11)	+0.27 (21)	+0.16 (13)	+0.07 (15)	+0.16 (10)	+0.02 (10)
Ass. nu—Ass. M	+0.59 (10)	+0.71 (11)	+0.58 (21)	+0.45 (13)	+0.26 (15)	+0.12 (10)	— 0.04 (10)

Folglich sind die Reduktionsbeträge der Temperatur M auf die Außentemperatur bescheidene Größen außer bei 0° bis +5°, wo die Reduktion +0°4 beträgt, während die Reduktion von Ass. M auf die Außentemperatur bis zu +0°7 ansteigen kann. Da an einer Reihe von Tagen im Beginn der Reihe wegen des Fehlens von Thermometern die Temperatur $M_1 = \frac{1}{3} (no + mo + so)$ als Reduktionstemperatur angenommen werden mußte, so war auch die Differenz Ass. $nu-M_1$ zu bilden; es ergab sich

Ass. $nu-M_1$

—20°...—15°	—15...—10	—10...—5	—5...0	0...+5
— 0.04 (6)	+ 0.02 (25)	+ 0.07 (38)	+ 0.18 (32)	+ 0.15 (56)

5...10	10...15	15...20	20...25	25...30
+ 0.09 (85)	+ 0.02 (126)	— 0.12 (117)	— 0.14 (32)	—

sodaß also die Reduktion auf die Außentemperatur hier in den bescheidenen Grenzen von ± 0°2 verbleibt.

Um nun noch $O-nu$ festzustellen, soll diese Differenz zunächst in den speziellen Richtungen der Objektivlage nach den Thermometern no, mo, so und su abgeleitet werden. Aus den Beobachtungen ergaben sich bei den verschiedenen Temperaturen die folgenden Differenzen:

Temperatur	−10°...−5°	−5°...0	0...+5°	5...10	10...15	15...20	20...25	25...30
Ass. nu — Ass. no	—	0.00 (17)	+0.11 (20)	+0.03 (35)	−0.04 (28)	+0.04 (28)	−0.14 (21)	−0.14 (7)
„ nu — „ mo	—	−0.14 (51)	−0.34 (77)	−0.22 (73)	−0.17 (53)	−0.28 (18)	+0.06 (6)	—
„ nu — „ so	—	−0.02 (18)	0.00 (21)	+0.02 (30)	+0.07 (20)	−0.01 (25)	−0.04 (12)	—
„ nu — „ su	− 0.17 (6)	+0.12 (26)	+0.01 (15)	−0.04 (22)	—	—	—	—

Abgesehen von *mo*, wo die mittlere Differenz −0°20 (272) beträgt, sind alle anderen Abweichungen wohl als zufällige zu bezeichnen, da sie zwischen − 0°17 und +0°07 regellos verlaufen. Es ist also nur in der Zenithrichtung, in *mo*, eine Abweichung gegen die Außentemperatur vorhanden. Gegen die Innentemperatur *mu* (unmittelbar über der Instrumententrommel) ergeben sich, um auch diese Differenzen sogleich mit zu fixieren, nach den Beobachtungen die folgenden Werte, wobei die Resultate der 2. und folgenden Zeilen aus der 1. Zeile und den Resultaten der letzten Tabelle folgen, indem z. B. Ass. *mu*—Ass. *no* = (Ass. *mu*—Ass. *nu*) + (Ass. *nu*—Ass. *no*):

Temperatur	−5°...0	0...+5°	+5...10	10...15	15...20	20...25	25...30
Ass. mu — Ass. nu	+ 0°22 (61)	+ 0.25 (63)	+ 0.40 (46)	+ 0.29 (26)	+ 0.34 (20)	+ 0.27 (10)	+ 0.11 (9)
„ „ — „ no	+ 0.22	+ 0.36	+ 0.43	+ 0.25	+ 0.38	+ 0.13	− 0.03
„ „ — „ mo	+ 0.08	− 0.09	+ 0.18	+ 0.12	+ 0.06	+ 0.19	
„ „ — „ so	+ 0.20	+ 0.25	+ 0.42	+ 0.36	+ 0.33	+ 0.23	
„ „ — „ su	+ 0.34	+ 0.26	+ 0.36	—	—	—	

Die letzte Tabelle zeigt also, daß sehr nahe Ass. (*mu*—*nu*) = Ass. (*mu*—*su*) und ferner Ass. (*mu*—*no*) = Ass. (*mu*—*so*), sowohl im Einzelnen für die verschiedenen Temperaturgruppen wie in Bezug auf die Mittelwerte, indem:

$$\text{Mittel Ass. } (mu-nu) = + 0°28\atop \text{„ } (mu-su) = + 0°32 \Big\} \text{ ferner } {\text{Mittel (Ass. } mu-no) = + 0°26 \atop \text{„ („ } mu-so) = + 0°30,}$$

sodaß also, wie bei der völlig symmetrischen Anlage des Beobachtungshauses zu erwarten war, die Temperaturverteilung gegen die Lage des Thermometers *mu* d. h. gegen die Mitte des Hauses, ebenfalls eine symmetrische ist, wobei aber noch zu untersuchen bleibt, wie sich die Temperatur auf den zur Horizontalachse des Instrumentes konzentrischen Kreisen verhält, da die sämtlichen Thermometer nicht strenge auf einem konzentrischen Kreise um die genannte Achse gelegen sind. Die Differenz Ass. (*mu*—*mo*) variiert offenbar nicht mit der Temperatur und ist im Mittel + 0.09, also auffallend gering, wenn auch der Höhenunterschied nur 1.16 m beträgt, während andererseits die Lage der beiden Thermometer in Bezug auf den Saal eine sehr unterschiedliche ist; der vertikale Gradient in der Mitte des Saales ist also recht gering, 0°08 pro 1 m; die horizontalen Gradienten gegen die Mitte des Saales zu ergeben sich aus *nu*—*mu* zu: + 0°13 pro 1 m und aus *no*—*mo* zu: + 0°10, wobei allerdings zu bemerken bleibt, daß *no* und *mo* nicht genau horizontal verlaufen. Die Art der Temperaturverteilung ist wohl aus der oben beigefügten schematischen Figur des Meridianschnittes am besten zu erkennen. Der Punkt *A* fixiert die Horizontalachse. Wird in *nu* eine Temperatur 0°00 angenommen, so ist sie es auch an den Stellen *no*, *su* und *so*; in *mo* ist $T = +0°20$, in *mu*: $T = +0°28$. Die Bahn des Objektives bei Drehung um die horizontale Achse *A* ist durch den Kreis, der *A* am nächsten liegt, fixiert. Schlägt man um *A* weitere Kreise, die durch *mo* resp. *nu* und *no* gehen, so folgt zunächst, daß in *An* auf Grund des bekannten horizontalen Gradienten $T = +0^\circ\!\!.06$, während in *mo*: $T = +0^\circ\!\!.20$, sodaß die Isothermen durch *nu* und *An* nach oben hin nicht mit den Kreisen um *A* zusammenfallen, sondern über diese Kreise hinaus nach oben verlängert sind, wobei nicht angebbar ist, wie weit die Isotherme nach dem Zenith zu reicht; da aber anzunehmen ist, daß die Temperatur über dem Dache schnell abnimmt, so ist es möglich, daß die Isotherme durch *nu* ebenso wie die durch *no* doch sehr nahe auf den entsprechenden Kreisen verläuft und daß ebenso die Isotherme durch *An* die Zenithale nahe über *mo* schneidet. Da die Temperatur in $On + 0^\circ\!\!.14$, in $Ono + 0^\circ\!\!.17$ und in $Oz + 0^\circ\!\!.25$ beträgt, so sind die entsprechenden Änderungen gegen *nu* dieselben, also bescheidene Beträge, und die relativen Temperaturen am Objektive in *On*, *Ono* und *Oz* sind in Bezug auf *On* d. h. bei $z = 90^\circ$ nur um $+0^\circ\!\!.03$ und $+0^\circ\!\!.11$ verschieden, sodaß die Saalrefraktion, selbst wenn wir gegenüber den Beobachtungsergebnissen die ungünstigste Annahme machen wollten, daß die Isothermen horizontal geschichtet seien, nur sehr geringe Beträge ergeben kann. Setzen wir sie also für diesen Fall in der Form an:

$\varDelta z = -0^\circ\!\!.222 \,\mathrm{tg}\, i \cdot \tau$, wo der Inzidenzwinkel *i* unter der gemachten Annahme mit der Z. D. *z* zu identifizieren ist und $\tau =$ Temperaturdifferenz (Objektiv außen), so ergibt sich bei Ansatz des Maximalwertes $\tau = +0^\circ\!\!.25$ für Zenithdistanzen zwischen 45° und 80° in Tabellenform: es ergeben sich also Beträge, die bei den entsprechenden Zenithdistanzen

z	$\varDelta z$
45°	$-0^\circ\!\!.055$
60°	0.095
80°	0.312

als innerhalb der Grenze der Beobachtungsfehler liegend zu betrachten sind, zumal bei $z = 80^\circ$ der errechnete Betrag $\varDelta z$ absolut sicher zu hoch ist, indem er in Wirklichkeit nahe $0^\circ\!\!.00$ ist, weil die Schicht hier nicht horizontal, sondern vertikal längs den konzentrischen Kreisen verläuft, sodaß der Inzidenzwinkel *i* nahe gleich 0° und deshalb $\varDelta z = 0$ ist. Auch bei den zenithnahen Objekten ist *i* nahe 0°, sodaß auch hier $\varDelta z$ nach der obigen Formel innerhalb der Beobachtungsfehler verschwindend ist; bei mittleren *z*, um 45° herum, erreicht *i* einen Maximalbetrag, der aber bei der Kleinheit der Abplattung des Ovals der Isothermen ebenfalls nur einen geringen Betrag erreichen kann; betrachtet man das Oval als Ellipse mit der Abplattung α, so ist das Maximum von *i* definiert durch $\mathrm{tg}\, i = \dfrac{\alpha}{2} \cdot \dfrac{2 - \alpha}{1 - \alpha}$ (gleich demselben Ausdruck, dem das Maximum der Differenz zwischen geographischer und geozentrischer Breite genügt). Im ungünstigsten Falle ist nun der Punkt *Po* der Zenithalen, in dem die Temperatur $0^\circ\!\!.00$ ist, bei Annahme des gleichen vertikalen Gradienten wie zwischen *mu* und *mo* ($0^\circ\!\!.08$ pro 1 m), von *mo* entfernt um $0^\circ\!\!.20 : 0.08 = 2.5$ m, sodaß also $PoA = 4.7$ m $=$ halbe große Achse $= a$ und $(nu) A = 2.2$ m $=$ halbe kleine Achse $= b$, sodaß $\alpha = \dfrac{a - b}{a} = 0.53$, sodaß $\mathrm{tg}\, i$ im Maximum 0.81 ($i = 39^\circ$), sodaß bei $\tau = 0^\circ\!\!.25$, $\varDelta z = -0^\circ\!\!.055 \,\mathrm{tg}\, i = -0^\circ\!\!.045$ gültig für $z = 64^\circ\!\!.9$, sodaß $\varDelta z = -0^\circ\!\!.045$ bei diesem Werte von z innerhalb der Grenze der Beobachtungsfehler gelegen ist. Schließlich finden gegenüber dem Mittelwert von $+0^\circ\!\!.25$ zwischen innerer und äußerer Temperatur vielfache Abweichungen statt, je nach der Windstärke etc. und dem dadurch bedingten Ausgleich der Saaltemperaturen und je nach dem Ausgleich der tagsüber eventuell stattgehabten Sonnenbestrahlung des Gebäudes.

Kommen wir nun schließlich auf die Temperaturdifferenz $O - M = (O - nu) + (nu - M)$ zurück, wobei alle Temperaturen auf Aspiration bezogen gedacht sind, so ist für die Differenz $O - nu$, wie oben abgeleitet ist, im Zenith $+0^\circ\!\!.25$, im Horizont $+0^\circ\!\!.14$ zu substituieren, sodaß gemäß der obigen Tabelle für „Ass. $nu-M$" für den Betrag von $O-M$ bei Horizontallage des Objektives erhalten wird:

$$\Delta\tau = O - M$$

Temp.	−5°...0°	0...+5°	5...10	10...15	15...20	20...25	25...30
$O-M$	$+0.^\circ40$	$+0.^\circ55$	$+0.41$	$+0.30$	$+0.21$	$+0.30$	$+0.16$

sodaß also ein deutlicher Gang mit der Temperatur vorhanden ist. Wohl variiert die Lage von O mit z, aber die entsprechende Temperaturänderung von O vom Horizont bis zum Zenith war, wie erwähnt, nur $+0.^\circ11$, welcher Betrag auf die Saalrefraktion geworfen wurde, während $O-M = \Delta T$ die Temperaturkorrektion für sich fixieren soll, sodaß die dementsprechende Korrektion in z stets an die Beobachtungen anzubringen ist. Sie beträgt also: $\Delta z = R \cdot m \cdot \Delta T = 0.^\circ22 \cdot \mathrm{tg}\,z \cdot \Delta T$, also im Höchstfalle bei $\Delta\tau = 0.^\circ55$ und $z = 80°$: $\Delta z = 0.^\circ69$.

Nach Anbringung der Korrektionen ergeben sich dann neue Werte der Z. D., die erneut zu diskutieren sind, erhalten also aus den auf mittlere Polhöhe reduzierten, wegen des Temperaturfehlers und der systematischen Zonenfehler korrigierten und auf 1925 bezogenen Zenithdistanzen. Es wurde nämlich bei der Betrachtung der Abweichungen der Einzelzenithdistanzen jeder Zone von dem Mittelwert aus allen Zonen erkannt, daß verschiedene Sterne derselben Zone die gleiche Abweichung von ihrem Mittelwerte zeigten und zwar unabhängig von der Zenithdistanz, sodaß es sich nicht um eine mit z variable Sonderrefraktion handeln kann. Weiter unten wird im Zusammenhange mit anderen systematischen Abweichungen die Tabelle der systematischen Zonenkorrektionen entwickelt werden.

f) Die Biegung.

Nach Anbringung der Temperaturkorrektion an die mittleren auf mittlere Polhöhe reduzierten Zenithdistanzen 1925,0 wurde die Differenz der Zenithdistanzen in den beiden durch Vertauschung von Objektiv und Okular erlangten Objektivlagen I und II für jeden Stern gebildet, abgesehen von den wenigen Sternen, bei denen in der einen oder anderen Lage nur zwei bis drei Zenithdistanzen erlangt werden konnten, sodaß in diesem Falle keine genügende Sicherheit in der Ableitung der Biegung bestand. Bildet man dann die Mittelwerte von $\frac{1}{2}(z_I - z_{II})$ von 10° zu 10°, getrennt nach südlichen und nördlichen Zenithdistanzen, so ergibt sich die folgende Tabelle, wobei die eingeklammerten Zahlen die Anzahl der Sterne fixieren, aus denen der Mittelwert abgeleitet ist:

Tafel für $\frac{1}{2}(z_I - z_{II}) = B = b \sin z$

1) $Z > 0$	5°	15	25	35	45	55	65	75
B	$+0.^{\prime\prime}04$ (22)	-0.02 (13)	$+0.14$ (14)	$+0.02$ (15)	-0.05 (14)	$+0.06$ (13)	$+0.03$ (13)	$+0.08$ (7)
2) $Z < 0$								
B	$+0.^{\prime\prime}06$ (12)	$+0.04$ (13)	$+0.08$ (17)	$+0.09$ (10)	$+0.03$ (11)	$+0.13$ (13)	$+0.12$ (10)	$+0.02$ (13)

Die absoluten Beträge von $B = b \sin z$, wenn man B durch das Hauptglied der Biegung, proportional $\sin z$, darstellen wollte, übersteigen nicht 0.14, sind allgemein klein und weisen keinen Gang mit $\sin z$ auf, sodaß der Schluß berechtigt ist, daß keinerlei merkliche Biegung vorhanden ist, wenn es auch vielleicht auffällt, daß B wesentlich positiv zu sein scheint, als wenn doch eine kleine systematische Wirkung vorhanden wäre. Trotzdem kann aber von einer Berücksichtigung der minimen Korrektion abgesehen werden.

g) Seitenbiegung.

Da $a = u + \Delta u + k \sin z \sec \delta + i \cos z \sec \delta + c \sec \delta$, so folgt, daß, wenn Δu bekannt ist, etwa aus den Zeitbestimmungen am Passagen-Instrument, alsdann die Instrumentalfehler k, i und c aus drei Sternbeobachtungen bestimmbar sind, wobei i der Winkel zwischen den Achsen, vermehrt um die Seitenbiegung, ist und wobei die Neigung der Vertikalachse gegen das Zenith näherungsweise als verschwindend betrachtet wird, weil der letztgenannte Winkel stets nur wenige Bogensekunden beträgt, während der Winkel zwischen den Achsen leicht einige Bogenminuten betragen kann. Liegt einer der beobachteten Sterne im Zenith, sodaß $z = 0$ oder sehr nahe $= 0$, so verbleiben nur i und c als Unbekannte und können aus dem Durchgange des Zenithsterns in beiden Lagen des Instrumentes in der Verbindung $i + c$ bestimmt werden, auch wenn das Instrument keinen Azimutanschlag zur exakten Einstellung in den Meridian besitzt, weil k nur mit $k \sin z$ eingeht und deshalb ohne Einfluß bleibt. Dann ist:

$$\text{Fernrohr} \quad \begin{array}{l} \text{Ost:} \ a = u_o + \Delta u + (i + c) \sec \delta \\ \text{West:} \ a = u_w + \Delta u - (i + c) \sec \delta \end{array} \Bigg\}$$

also $i + c = \frac{1}{2}(u_w - u_o) \cos \delta$, womit also $i + c$ auf Grund jeder Zenithalsternbeobachtung immer unter Kontrolle gehalten und andererseits i bekannt wird, wenn c aus anderen, nicht zenithalen Beobachtungen, bekannt geworden ist. Für die verschiedenen Beobachtungsepochen ergaben sich, entsprechend dem für die jeweilige Objektivlage gültigen Zeitintervall, zur Verwendung bei der Reduktion der beobachteten Zenithdistanzen die folgenden Werte für c und i, als Mittelwerte von mehreren Bestimmungen:

Objektivlage	Zonen	c	i
I	1—186	$-0.''09$	$-0.''68$
II	187—230	$+0.14$	-0.91
III	231—246	$+0.35$	-1.80
IV	247—332	-0.02	$+0.46$

Von einer Korrektur von c und i am Instrument wurde abgesehen, weil dieselbe, besonders in Bezug auf i, umständlich war, während die Berücksichtigung einfach genug war. Die Beobachtung der Zenithsterne ergab als Betrag der Seitenbiegung $4.''2 \equiv 1.''05$.

§ 4. Tabelle der Einzelbeobachtungen.

In der folgenden Tabelle sind die unmittelbar aus den Beobachtungen berechneten Zenithdistanzen z für jeden Stern und für jede einzelne Zone zusammengestellt. Dabei fixiert T das oben definierte unverbesserte Mittel M der Temperaturen, Ba den Barometerstand und Bi die Bildbeschaffenheit (1 = sehr gut, 2 = gut, 3 = mäßig, 4 = schlecht, 5 = ganz schlecht mit den entsprechenden Mittelstufen).

Tabelle der Einzelbeobachtungen.

F 1

Zone	z $+22°26'$	T	Ba	Bi
		Ob. 0.		
52	6".04	+ 1.°4	53.4	3—2
54	6.28	+ 2.1	55.5	2—3
40	6.20	+ 8.3	50.4	3—2
17	5.90	+15.4	54.9	4—3
		Ob. I.		
92	6.31	— 10.0	50.8	3—2
129	5.99	— 2.5	65.0	2—3
234	6.58	— 0.3	64.6	3
126	6.59	+ 1.5	63.2	3—2
130	6.27	+ 1.8	56.6	3
135	5.87	+ 1.8	56.6	2—3
84	6.69	+ 3.9	57.5	3
75	6.32	+ 5.5	52.5	3
237	5.93	+ 6.0	51.2	3—2
123	5.51	+ 6.4	53.5	2
81	6.41	+ 6.8	50.6	2—3
142	6.29	+ 7.0	54.6	3—2
144	5.86	+ 8.4	57.5	2—3
82	7.01	+ 8.6	57.6	3
136	7.04	+11.9	48.8	3—2
79	6.41	+12.3	44.1	3
		Ob. II.		
251	5.87	— 5.4	64.3	2
250	5.44	— 5.3	65.8	2—3
249	5.83	— 4.6	67.2	2
261	6.33	— 2.4	61.9	2
253	6.32	+ 3.0	57.0	3—2
227	6.79	+ 6.0	59.6	2
224	6.92	+ 6.3	58.1	2
288	6.62	+12.4	45.5	3—2

F 7

Z	$+36°20'$	T	Ba	Bi
		Ob. 0.		
52	41.24	+ 1.3	53.4	2
54	40.67	+ 2.0	55.5	3—2
		Ob. I.		
243	41.04	— 2.2	60.0	2
234	41.27	— 0.5	64.6	3
245	40.60	+ 2.2	60.2	2—3
84	40.92	+ 3.3	57.5	3—2
75	41.59	+ 5.4	52.5	2
237	41.19	+ 6.1	51.2	3—2
81	41.44	+ 6.7	50.6	2—3
82	41.85	+ 8.6	57.6	3—2
		Ob. II.		
251	40.59	— 5.4	64.3	2
250	41.94	— 5.4	65.8	2—3
249	40.88	— 4.9	67.2	2
261	41.13	— 2.5	61.8	2
253	41.92	+ 2.8	56.9	3
227	40.71	+ 6.1	59.6	2
224	40.99	+ 6.2	58.1	2

F 472 UC

Z	z $-58°41'$	T	Ba	Bi
		Ob. 0.		
52	11".72	+ 0.°8	53.5	2—3
54	11.23	+ 1.9	55.6	3—2
		Ob. I.		
243	11.55	— 2.3	59.9	•2
234	11.34	— 0.7	64.7	3
91	12.24	+ 1.9	48.9	3
245	11.81	+ 2.2	60.1	3—2
75	12.16	+ 5.4	52.5	2—3
82	12.40	+ 8.6	57.6	2
81	11.97	+14.9	50.6	3
		Ob. II.		
250	12.86	— 5.6	65.7	2—3
251	12.14	— 5.4	64.3	3—2
249	11.18	— 5.3	67.2	2
265	12.82	— 0.7	66.5	4
253	11.97	+ 2.7	56.9	3—4
224	11.50	+ 6.1	57.9	4—3

F 21

Z	z $-5°0'$	T	Ba	Bi
		Ob. 0.		
52	53.49	+ 0.7	53.5	2—3
54	53.17	+ 1.9	55.6	3—2
		Ob. I.		
98	53.27	— 10.3	56.9	3
129	53.15	— 2.1	64.9	3
130	52.99	+ 1.9	56.4	3—2
135	53.18	+ 2.4	56.5	3—2
84	53.37	+ 3.0	57.6	3
88	53.44	+ 4.4	48.7	3—2
142	52.22	+ 6.7	54.7	3—2
144	53.02	+ 7.2	57.4	3—2
82	52.81	+ 8.5	57.6	3—2
145	52.56	+10.8	52.3	3—2
146	53.11	+11.5	50.1	3
136	52.49	+12.5	48.6	3—2
		Ob. II.		
250	52.61	— 5.6	65.7	2
249	53.27	— 5.5	67.2	2—3
262	52.89	— 3.4	64.1	2—3
253	53.32	+ 2.9	56.9	3
293	53.67	+13.2	55.1	3

F 22

Z	z $+69°30'$	T	Ba	Bi
		Ob. 0.		
52	32.89	+ 0.6	53.5	3
54	33.35	+ 1.9	55.6	3

F 22

Z	z $+69°30'$	T	Ba	Bi
		Ob. I.		
243	33".41	— 2.°3	59.9	3
234	34.55	— 1.0	67.7	4—3
245	33.87	+ 2.2	60.1	4
84	33.61	+ 2.9	57.6	4
88	33.56	+ 4.2	48.7	4
75	34.80	+ 5.5	52.6	3—4
81	34.15	+ 6.6	50.9	3—4
79	35.16	+12.3	43.8	3
		Ob. II.		
249	33.98	— 5.7	67.2	3
250	34.48	— 5.7	65.7	3
251	34.31	— 5.4	64.2	3—4
263	33.76	— 1.6	58.5	3
258	35.07	+ 2.9	56.8	4
224	34.17	+ 5.9	58.1	3—2

F 483 UC

Z	$-72°31'$	T	Ba	Bi
		Ob. 0.		
52	17.42	+ 0.4	53.5	2
54	15.64	+ 1.9	55.6	3
		Ob. I.		
98	17.25	— 10.2	56.9	4
248	17.06	— 2.4	59.8	3
234	16.17	— 1.2	64.8	3—4
245	17.24	+ 2.1	60.0	4
88	17.04	+ 4.2	48.7	4
82	17.99	+ 8.5	57.7	3
		Ob. II.		
251	17.57	— 5.5	64.2	3
260	17.32	— 5.5	62.2	3—4
261	17.14	— 2.8	61.8	3—2
263	17.94	— 1.5	58.4	3
253	17.28	+ 3.0	56.8	4
292	17.67	+16.0	44.9	3

Na

Z	$-34°44'$	T	Ba	Bi
		Ob. 0.		
52	37.44	+ 0.2	53.5	2
54	38.16	+ 1.8	55.6	3—2
		Ob. I.		
234	37.78	— 1.4	64.9	3—2
245	38.21	+ 2.1	59.9	2
84	37.83	+ 2.8	57.6	2—3
88	38.52	+ 4.1	48.8	3—2
81	37.69	+ 6.8	50.6	2
82	38.43	+ 8.4	57.8	2—3

Na

Z	z	T	Ba	Bi
	− 34°44′			
		Ob. II		
250	38″72	− 5.°8	65.7	2
251	37.95	− 5.5	64.2	2
260	37.68	− 5.5	62.2	2
261	37.55	− 2.7	61.7	2
265	38.11	− 0.7	66.5	3
257	38.08	+ 1.5	52.6	3
253	38.28	+ 3.1	56.8	3

F 41

Z	z	T	Ba	Bi
	− 28°9′			
		Ob. 0.		
54	48.93	+ 1.8	55.7	3
		Ob. I.		
234	48.40	− 1.6	64.8	2
87	48.58	− 0.3	53.3	3−4
245	48.73	+ 2.0	59.9	2−3
85	49.24	+ 9.2	49.2	3−4
79	49.04	+12.3	48.7	3−2
		Ob. II		
250	48.84	− 6.0	65.7	3
260	48.48	− 5.6	62.1	2−3
261	48.17	− 2.7	61.7	2
253	48.76	+ 3.1	56.7	3−2

F 42

Z	z	T	Ba	Bi
	+ 15°53′			
		Ob. 0		
17	17.91	+17.6	54.9	3
		Ob. I		
98	17.79	− 9.8	57.0	3
133	17.85	− 1.4	52.9	3
91	17.44	+ 0.9	49.2	3−2
84	17.97	+ 2.8	57.7	3−2
81	17.39	+ 6.9	50.5	2 −
		Ob. II		
250	17.79	− 5.9	65.7	2−3
263	17.44	− 1.4	58.3	3
265	17.66	− 0.6	66.5	3
267	18.20	− 0.1	76.7	3
257	18.09	+ 1.3	52.6	2−3

F 47

Z	z	T	Ba	Bi
	+ 59°40′			
		Ob. I		
98	53.55	− 9.8	57.0	3
234	53.85	− 1.8	64.9	3
87	53.27	− 0.5	53.5	4
245	53.20	+ 2.0	59.8	3−
84	52.28	+ 2.7	57.7	4−3
88	53.22	+ 4.0	48.8	3 −

F 47

Z	z	T	Ba	Bi
	+ 59°40′			
		Ob. II		
250	53″46	− 6.°1	65.7	3−2
260	53.63	− 5.7	62.1	3
265	53.93	− 0.4	66.5	3
257	55.14	+ 1.0	52.5	3−2
253	53.58	+ 3.1	56.7	3−

F 48

Z	z	T	Ba	Bi
	− 8°44′			
		Ob. I		
91	2.99	+ 0.5	49.2	3−2
245	3.77	+ 2.5	59.8	3
135	4.32	+ 2.7	56.3	3−2
88	3.79	+ 3.7	48.8	2−3
85	4.48	+ 9.0	49.1	3−2
146	3.65	+11.7	50.0	3−2
		Ob. II		
260	3.58	− 5.8	62.0	2
261	3.62	− 2.6	61.7	2−3
263	4.00	− 1.3	58.1	3−2
257	4.08	+ 0.8	52.5	3−2
297	4.80	+12.5	54.0	4
296	3.79	+13.1	55.1	3−4
293	4.94	+14.3	54.9	3
295	3.99	+17.0	52.3	2−3

F 57

Z	z	T	Ba	Bi
	+ 0°47′			
		Ob. I		
98	60.68	−10.0	57.0	3−2
97	60.92	− 8.6	54.5	2−3
91	60.96	+ 0.3	49.3	3−2
117	59.96	+ 0.6	53.3	2−3
100	59.63	+ 2.2	43.8	3
88	61.46	+ 3.4	48.8	2
		Ob. II		
250	60.11	− 6.1	65.6	2
262	61.04	− 4.3	53.5	2−3
261	60.87	− 3.0	61.6	2
267	60.22	− 0.9	76.6	2
263	60.17	− 0.7	58.0	3−2
265	59.94	− 0.5	66.5	2−3
257	60.26	+ 0.5	52.5	2

F 509 UC

Z	z	T	Ba	Bi
	− 79°12′			
		Ob. I		
98	5.55	−10.3	57.0	4−3
91	2.69	+ 0.2	49.3	4
88	3.51	+ 3.3	48.8	4
85	4.10	+ 8.8	49.0	4
79	4.95	+11.1	43.5	4−5

F 509 UC

Z	z	T	Ba	Bi
	− 79°12′			
		Ob. II		
260	3″42	− 6.°0	61.9	4
261	2.98	− 3.1	61.6	3
259	2.72	− 0.7	66.6	3

F 66

Z	z	T	Ba	Bi
	+ 80°40′			
		Ob. I		
87	9.67	− 0.6	53.6	3
117	10.86	+ 0.3	53.3	2
245	10.68	+ 1.8	59.7	3−
100	10.86	+ 2.2	43.8	3
135	10.03	+ 3.2	56.0	2−
82	9.72	+ 8.6	57.9	3−2
79	11.36	+10.7	43.4	3
		Ob. II		
262	10.93	− 4.3	53.5	3
261	9.64	− 3.3	61.6	2
265	9.32	− 0.7	66.5	3
257	10.01	+ 0.3	52.5	2

F 70

Z	z	T	Ba	Bi
	− 20°56′			
		Ob. 0		
54	51.62	+ 1.5	55.7	2−3
		Ob. I		
97	51.33	− 8.7	54.6	2
91	51.85	0.0	49.3	2
117	51.93	0.0	53.2	2−3
84	51.16	+ 1.7	57.8	2
85	51.86	+ 9.0	48.9	2−
		Ob. II		
272	52.05	− 2.2	65.3	3−2
267	51.36	− 1.1	76.6	2−3
263	51.54	− 0.5	57.8	3
257	50.91	+ 0.2	52.6	2−3

F 73

Z	z	T	Ba	Bi
	+ 9° 8′			
		Ob. I		
98	28.36	−10.4	57.1	2−3
245	27.88	+ 1.8	59.6	3
90	28.56	+ 2.1	42.4	2−3
88	28.30	+ 3.0	48.9	3−2
		Ob. II		
260	28.03	− 6.2	61.8	2
272	27.01	− 2.2	65.3	2−3
267	27.90	−− 1.1	76.6	2
298	28.30	+15.4	53.4	3−

F 521 UC

Z	z −64° 9'	T	Ba	Bi
		Ob. 0		
54	15.32	+ 1.5	55.7	3—
		Ob. I		
87	15.04	— 0.8	58.9	4
245	16.43	+ 1.8	59.5	3
100	15.80	+ 2.4	43.9	4—3
		Ob. II		
261	15.41	— 3.4	61.6	3—2
265	15.59	— 1.3	66.5	3
267	15.90	— 1.1	76.5	3—2
259	15.47	— 0.8	66.6	2—3

F 74

Z	z +28° 0'	T	Ba	Bi
		Ob. I		
133	10.53	— 1.4	53.0	3—2
91	11.38	+ 0.4	49.4	3—2
88	10.79	+ 2.9	48.9	3—2
161	11.53	+23.2	52.2	2—3
		Ob. II		
262	11.50	— 4.3	53.4	3
272	10.74	— 2.2	65.3	2
263	10.88	— 0.5	57.8	3

F 531 UC

Z	z −76°41'	T	Ba	Bi
		Ob. 0		
54	28.84	+ 1.3	55.7	3
		Ob. I		
87	27.76	— 0.8	54.0	4
91	29.01	+ 1.0	49.4	4
90	28.27	+ 2.0	42.5	4—3
100	29.45	+ 2.6	44.0	4—5
81	29.05	+ 6.3	50.6	4—3
85	29.12	+ 9.3	48.8	4
		Ob. II		
272	29.25	— 1.8	65.3	4
267	27.58	— 1.2	76.5	3
259	28.34	— 0.9	66.6	3
257	29.46	0.0	52.7	3—4

F 100

Z	z +24° 9'	T	Ba	Bi
		Ob. 0		
54	33.12	+ 1.2	55.8	3
		Ob. I		
98	33.70	—10.5	57.2	2—3
106	33.26	—10.0	63.7	2—3
97	32.98	— 8.5	54.8	3—2

F 100

Z	z +24° 9'	T	Ba	Bi
94	33.02	— 6.1	52.4	3
87	33.13	— 0.8	54.2	3—2
117	34.17	— 0.5	53.0	2
84	33.48	+ 1.1	57.8	2—3
90	33.00	+ 1.8	42.5	3—2
100	33.63	+ 1.9	44.1	3
85	33.63	+ 9.5	48.6	3
		Ob. II		
272	33.60	— 1.7	65.3	3—2
267	33.34	— 1.4	76.5	2
259	33.37	— 1.1	66.6	2
257	33.64	— 0.4	52.8	3—2

F 550 UC

Z	z −54°25'	T	Ba	Bi
		Ob. 0		
54	34.32	+ 1.1	55.8	3
		Ob. I		
98	34.07	—10.5	57.2	3
106	34.08	—10.2	64.2	3—2
114	34.32	— 7.1	53.8	3—4
117	34.85	— 0.8	52.9	2
100	35.05	+ 1.7	44.1	3—2
90	34.35	+ 1.8	42.5	2—3
85	34.54	+ 9.6	48.5	4
151	34.55	+15.5	46.4	4—3
157	33.73	+24.0	61.8	3—
161	33.06	+24.2	51.9	3—4
159	35.28	+28.2	54.2	3
		Ob. II		
260	33.65	— 6.9	61.5	3
272	33.73	— 1.8	65.3	3—2
259	34.19	— 1.1	66.7	2
257	33.89	— 0.5	52.9	3—2
264	34.44	+ 1.5	63.1	3—
315	33.85	+17.9	53.7	2
311	35.36	+21.4	51.4	3

F 107

Z	z +47°18'	T	Ba	Bi
		Ob. 0		
54	53.98	+ 1.0	55.8	3—2
		Ob. I		
98	54.22	—10.5	57.3	2—3
106	54.60	—10.4	64.2	3
94	54.64	— 6.1	52.4	3—
110	53.68	— 5.9	63.7	2—3
88	54.05	+ 1.5	49.1	3—2
100	54.79	+ 1.6	44.2	3
90	54.93	+ 1.8	42.5	2—3

F 107

Z	z +47°18'	T	Ba	Bi
		Ob. II		
260	54.05	— 7.0	61.4	3
272	54.41	— 1.8	65.4	2—3
259	54.39	— 1.2	66.7	2
257	54.24	— 0.6	52.9	2—3
263	55.26	— 0.5	57.4	3
264	53.52	+ 1.5	63.2	3
266	54.85	+ 4.7	64.3	4
277	54.72	+ 5.1	50.5	3

F 120

Z	z + 1°30'	T	Ba	Bi
		Ob. I		
107	58.16	—11.6	60.6	3—2
106	58.12	—10.6	64.3	3—2
98	57.60	—10.4	57.3	2
114	58.17	— 8.0	53.6	2—
110	57.89	— 6.4	63.7	2
94	58.74	— 6.3	52.3	3
88	58.79	+ 1.4	49.1	3—2
90	58.68	+ 1.8	42.6	2
100	58.09	+ 1.8	44.8	3
142	57.34	+ 8.1	54.7	2—3
160	58.25	+17.0	60.2	2
159	58.20	+28.9	54 0	3—
		Ob. II		
260	58.12	— 6.7	61.3	2—3
270	57.54	— 2.3	65.3	2
272	57.34	— 2.0	65.4	2
259	58.21	— 1.3	66.7	2
268	57.74	— 0.8	72.8	3
263	57.39	— 0.5	57.2	3—2
264	57.54	+ 1.4	63.2	2—3
266	56.82	+ 4.7	64.3	3
277	57.30	+ 4.9	50.6	3—2

F 571 UC

Z	z −69°39'	T	Ba	Bi
		Ob. I		
107	36.07	—11.7	60.5	3
106	35.68	—10.6	64.3	3
98	36.28	—10.4	57.4	4
103	34.75	— 8.4	57.6	4
110	35.11	— 6.8	63.8	4—3
94	35.62	— 6.5	52.2	4
88	36.07	+ 1.4	49.1	4
100	37.12	+ 1.9	44.3	3—4
		Ob. II		
260	35.52	— 6.7	61.2	3—4
270	35.58	— 2.4	65.3	3—4
272	36.65	— 2.2	65.4	3—2
259	35.11	— 1.4	66.8	3—2
277	37.34	+ 4.8	50.7	4

F 127

Z	z +60°49'	T	Ba	Bi
		Ob. I		
107	21.57	−11.8	60.5	3
104	21.57	−10.9	54.7	3
106	22.11	−10.6	64.3	3
98	22.02	−10.4	57.4	4
114	21.06	−8.3	53.5	3
117	21.35	−3.0	52.6	2−3
88	21.71	+1.3	49.2	4
90	22.22	+1.8	42.8	3−2
		Ob. II		
270	21.46	−2.5	65.3	3−4
272	22.25	−2.4	65.4	3−2
268	22.67	−0.9	72.8	3
263	21.68	−0.3	57.1	3
264	22.89	+1.4	63.3	3−2

F 138

Z	z −19°59'	T	Ba	Bi
		Ob. I		
107	29.62	−12.1	60.4	2
110	29.57	−7.0	63.9	3−2
94	29.68	−6.7	52.2	4
117	30.01	−3.2	52.5	2−3
100	29.31	+2.1	44.4	3
		Ob. II		
272	30.10	−2.7	65.4	2
270	29.89	−2.7	65.3	2
268	29.92	−1.0	72.8	2−3
263	29.55	−0.2	57.0	2−3
264	31.18	+1.4	63.3	2
266	30.18	+4.7	64.3	3

F 590 UC

Z	z −50°51'	T	Ba	Bi
		Ob. I		
104	43.27	−11.2	54.6	3−2
106	43.66	−10.6	64.4	3
103	43.71	−8.7	57.6	3
114	42.88	−8.7	53.3	4−3
110	43.82	−7.2	63.9	3−2
117	44.19	−3.8	52.5	3
		Ob. II		
260	43.55	−6.6	61.1	3
272	43.67	−2.8	65.4	2
264	43.76	+1.4	63.3	3
266	44.60	+4.7	64.4	3
276	44.12	+5.0	53.8	3

F 144

Z	z +19°26'	T	Ba	Bi
		Ob. I		
104	57.24	−11.4	54.6	3−2
106	57.97	−10.6	64.4	3−2

F 144

Z	z +19°26'	T	Ba	Bi
		Ob. I		
114	57.96	−9.0	53.2	3−2
103	57.09	−8.8	57.6	3−2
		Ob. II		
270	57.91	−2.8	65.4	2−3
268	58.45	−1.0	72.8	3
276	57.48	+5.0	53.8	3

F 168

Z	z +34°45'	T	Ba	Bi
		Ob. I		
96	6.26	−15.3	52.0	2−3
107	6.48	−12.2	60.2	3
104	6.57	−12.1	54.4	2−3
116	6.18	−12.0	58.0	2−3
103	6.58	−9.3	57.6	3
115	6.70	−6.5	54.1	2−3
94	6.93	−5.8	52.0	4
102	6.01	−4.0	64.0	2
124	7.29	+1.5	62.5	2
142	6.38	+8.8	54.6	3
		Ob. II		
274	6.36	+1.0	60.4	3
276	7.22	+5.6	53.4	3

F 161

Z	z +18°3'	T	Ba	Bi
		Ob. I		
116	45.64	−12.6	58.2	2−3
104	45.64	−12.5	54.2	2−3
106	46.01	−11.0	64.5	2
103	45.50	−9.2	57.6	3
110	46.15	−8.2	63.9	2
102	45.92	−4.2	63.9	2
124	46.11	+1.0	62.7	2
		Ob. II		
270	46.54	−3.6	65.4	
268	46.25	−2.3	72.9	
284	45.67	−0.6	47.5	3
276	45.71	+4.9	53.3	3

F 188

Z	z +56°17'	T	Ba	Bi
		Ob. I		
96	37.92	−16.5	51.9	2
107	37.07	−11.9	59.9	3
114	37.70	−10.2	52.6	3
103	37.38	−8.5	57.6	3
110	37.51	−8.5	63.0	4−3
142	38.18	+8.3	54.6	3

F 188

Z	z +56°17'	T	Ba	Bi
		Ob. II		
268	37.57	−2.7	72.8	3
285	36.84	−1.4	49.4	2
264	36.62	+0.8	63.8	3
274	38.10	+0.9	60.6	3

Ng UC

Z	z −46°43'	T	Ba	Bi
		Nb. I		
96	28.93	−16.0	51.9	2
104	30.59	−12.7	54.2	3
106	30.02	−11.2	64.6	3−2
103	30.45	−8.9	57.6	3
115	30.33	−7.4	54.3	2−
102	29.97	−4.4	63.8	3
		Ob. II		
270	30.65	−3.7	65.4	3−4
285	29.70	−1.2	49.4	3−
264	30.74	+0.8	63.8	2−3
274	30.64	+1.0	60.5	2−3
278	29.79	+2.9	57.0	3
276	29.71	+5.6	53.3	3

F 191

Z	z −28°2'	T	Ba	Bi
		Ob. I		
107	13.58	−11.8	59.8	2
108	13.18	−11.7	62.2	3−2
114	13.50	−10.3	52.5	3
115	13.39	−7.6	54.7	2−
102	13.16	−4.5	63.8	3
129	13.30	−2.6	63.3	2
		Ob. II		
284	13.18	−0.7	47.5	3
264	12.66	+0.8	63.8	2
274	13.09	+0.9	60.6	2
276	13.29	+4.4	53.2	3

F 193

Z	z +5°11'	T	Ba	Bi
		Ob. o.		
25	18.31	+27.1	55.3	4
		Ob. I		
116	17.90	−18.1	58.0	2
104	17.69	−12.9	54.1	3
110	17.93	−8.8	63.8	3−2
115	18.57	−7.7	54.3	2
130	17.86	+1.5	54.5	2
170	18.13	+21.3	53.8	3−
182	18.23	+26.0	53.2	3

F 193

Z	z + 5°11'	T	Ba	Bi
		Ob. II		
270	17."84	− 3.°8	65.4	3
268	17.64	− 3.0	72.8	3
278	18.17	+ 2.9	56.9	2
324	17.80	+27.2	53.4	3

F 201

Z	+44°49'	T	Ba	Bi
		Ob. I		
96	40.99	−16.8	51.9	2−3
116	41.61	−13.3	58.0	2
104	42.13	−13.1	54.0	3
108	42.48	−11.9	62.3	3−2
109	42.59	− 9.8	66.7	3
114	42.86	− 9.6	52.4	3−
115	42.46	− 8.0	54.4	2
102	42.15	− 4.8	63.7	2
142	43.14	+ 8.1	54.6	2−3
		Ob. II		
270	42.21	− 4.0	65.4	3
268	42.71	− 3.3	72.8	3
285	42.52	− 1.6	49.3	2
274	41.92	+ 0.9	60.7	3−2
278	43.06	+ 2.9	56.9	3
276	43.43	+ 4.6	53.0	3

F 653 UC

Z	−76°31'	T	Ba	Bi
		Ob. I		
96	52.44	−16.9	51.8	3−2
104	53.74	−13.2	53.9	4
108	54.07	−12.0	62.3	3
109	54.16	−10.2	66.7	4
114	55.97	− 9.6	52.3	4
115	54.30	− 8.3	54.5	3−
102	54.66	− 4.9	63.7	4
129	54.23	− 2.8	63.3	2
		Ob. II		
270	55.95	− 4.1	65.4	4
268	53.86	− 3.3	72.7	4
285	53.56	− 1.7	49.3	2
264	56.59	+ 0.7	63.9	4
274	54.33	+ 0.8	60.7	3
278	54.67	+ 3.1	56.9	4

F 220

Z	+60°48'	T	Ba	Bi
		Ob. I		
96	23.01	−16.8	51.8	3−2
108	24.07	−12.2	62.4	3
109	23.97	−10.7	66.6	3−
115	23.93	− 8.2	54.6	3
102	23.84	− 5.1	63.6	2
130	22.93	− 0.3	54.4	3

F 220

Z	+60°48'	T	Ba	Bi
		Ob. II		
270	24."45	− 4.°4	65.4	4
268	24.18	− 3.5	72.7	3−4
285	23.60	− 2.0	49.3	3
264	23.68	+ 0.6	68.9	3
274	24.61	+ 0.7	60.8	3

F 224

Z	+43°48'	T	Ba	Bi
		Ob. I		
108	1.73	− 9.2	57.6	3−
114	1.88	− 9.1	52.2	4
115	2.24	− 8.2	54.6	3−2
129	2.16	− 3.2	63.3	2
130	1.55	− 1.2	54.4	2−3
142	2.21	+ 7.7	54.6	2−3
176	1.71	+30.3	49.6	4−5
		Ob. II		
268	2.47	− 3.7	72.7	3
273	1.91	+ 0.9	53.0	3
330	1.72	+26.8	55.6	4

F 227

Z	+ 6°10'	T'	Ba	Bi
		Ob. I		
108	12.26	−12.4	62.5	2
114	12.71	− 8.7	52.1	3
129	12.19	− 3.5	63.3	2
		Ob. II		
270	12.89	− 4.5	65.4	4
285	12.02	− 2.2	49.3	3−2
274	12.64	+ 0.7	60.9	2−3

F 676 UC

Z	−77°23−	T	Ba	Bi
		Ob. I		
108	27.29	−12.5	62.6	3
109	28.97	−10.9	66.6	3
129	29.09	− 3.8	63.3	2−3
		Ob. II		
285	28.20	− 2.3	49.2	3−2
264	28.74	+ 0.6	64.0	3−4

Nh UC

Z	−42°16'	T	Ba	Bi
		Ob. I		
116	27.51	− 14.3	58.0	2
109	27.85	−11.1	66.6	3−2
108	27.77	− 9.3	57.6	3
115	27.57	− 8.5	54.7	2−
130	27.50	− 1.6	63.3	2
142	27.56	+ 7.5	54.6	2

Nh UC

Z	−42°16'	T	Ba	Bi
		Ob. II		
270	27."53	− 4.°5	65.4	3−
268	27.36	− 3.8	72.7	3
273	27.63	+ 1.0	53.0	3−2
276	28.37	+ 5.3	52.7	3

F 234

Z	−18°14'	T	Ba	Bi
		Ob. I		
116	13.41	−14.6	58.0	2
108	13.98	−12.6	62.7	3
109	13.89	−11.4	66.5	2
103	13.74	− 9.4	57.6	3−2
129	13.65	− 4.2	63.2	2
130	13.56	− 2.0	63.3	2−3
105	13.77	− 1.5	53.4	3−
		Ob. II		
268	13.37	− 4.1	72.7	2
285	13.58	− 2.5	49.2	2−3
264	14.76	+ 0.5	64.0	2
273	13.78	+ 1.1	53.0	2
276	13.85	+ 5.2	52.7	3

F 695 UC

Z	−56°11'	T	Ba	Bi
		Ob. I		
116	14.82	−14.8	58.0	2
109	15.30	−11.5	66.5	2
120	14.53	−10.4	53.0	4−3
102	15.27	− 5.3	63.4	3−2
129	15.42	− 4.5	63.2	2−3
126	15.15	− 3.1	61.6	3−2
130	14.72	− 2.3	63.2	2−
142	14.90	+ 7.0	54.6	2
		Ob. II		
268	14.56	− 4.2	72.7	3−
285	14.69	− 2.6	49.2	2
264	15.06	+ 0.4	64.1	3−2
273	14.79	+ 1.2	53.0	3−2
276	14.21	+ 5.0	52.7	3

F 251

Z	+84°38'	T	Ba	Bi
		Ob. I		
116	48.35	−15.0	58.1	2
108	48.82	−12.7	62.9	3
109	48.39	−11.5	66.5	3
120	48.61	−10.3	53.1	3−
121	48.71	− 6.8	42.1	3
102	48.81	− 5.4	63.4	3−2
129	48.84	− 4.7	63.2	2
130	48.40	− 2.5	54.3	2
105	48.99	− 1.6	53.8	3
142	49.51	+ 6.8	54.6	3

F 251

Z	z $+34°38'$	T	Ba	Bi
	Ob. II			
268	49.10	− 4.2	72.7	3
285	48.67	− 2.8	49.1	2
273	48.59	+ 1.3	52.9	2—3
276	49.22	+ 4.7	52.6	3
293	49.10	+12.8	54.0	2—3

F 257

Z	z $+67°43'$	T	Ba	Bi
	Ob. 0			
32	26.92	+23.4	46.0	4
	Ob. I			
109	26.89	−11.5	66.4	4
121	27.26	− 6.9	42.0	3—4
102	28.28	− 5.6	63.4	3
129	26.96	− 4.8	63.2	3
126	27.19	− 3.3	61.5	3
130	26.78	− 2.7	54.2	3—2
142	27.27	+ 6.6	54.6	2—3
144	27.76	+ 8.4	56.0	3—2
177	27.14	+20.8	57.8	4—5
186	27.17	+22.1	56.0	3—4
182	27.86	+26.8	52.6	3
184	26.56	+28.8	51.7	4
176	26.47	+30.2	49.5	4—3
	Ob. II			
268	27.62	− 4.2	72.7	4
273	27.94	+ 1.3	52.9	3—4
297	28.13	+11.8	53.8	3
293	27.70	+12.4	54.1	3
330	25.98	+27.4	55.6	4

F 260

Z	z $-25°57'$	T	Ba	Bi
	Ob. I			
116	51.98	−15.2	58.1	2—3
102	52.26	− 5.6	63.4	2—
126	51.91	− 3.4	61.5	2—3
130	52.37	− 2.9	54.2	2
142	52.33	+ 6.0	54.6	2
	Ob. II			
283	52.58	+ 0.5	49.0	2
288	52.25	+ 2.4	47.6	3
297	52.29	+11.5	53.8	2

F 261

Z	z $+17° 3'$	T	Ba	Bi
	Ob. I			
96	30.81	−17.7	51.6	2
108	29.38	−12.8	63.0	3—2
120	30.63	−10.3	53.1	2
115	30.38	− 9.6	55.0	2

F 261

Z	z $+17° 3'$	T	Ba	Bi
	Ob. II			
285	30.67	− 2.9	49.0	2
276	30.41	+ 4.5	52.6	3
293	30.79	+12.1	54.1	2

F 268

Z	$+79°58'$	T	Ba	Bi
	Ob. I			
121	51.14	− 7.1	42.0	4
144	51.02	+ 8.2	56.0	2—3
	Ob. II			
285	48.68	− 3.1	49.1	3

Ni UC

Z	$-39°51'$	T	Ba	Bi
	Ob. I			
120	34.70	−10.3	53.1	2—3
115	35.13	− 9.9	55.0	2—
121	35.42	− 8.0	42.0	3
129	34.13	− 5.1	63.2	2
130	35.41	− 3.1	54.2	2
	Ob. II			
283	35.28	+ 0.2	48.9	2
288	35.23	+ 2.4	47.6	2—3
276	35.94	+ 4.7	52.6	3—

Nd

Z	$-36°3'$	T	Ba	Bi
	Ob. I			
115	27.64	−10.4	55.1	2—
119	28.56	− 5.8	50.3	2
102	27.83	− 5.7	63.6	3
129	28.05	− 5.4	63.2	2
	Ob. II			
285	27.04	− 3.2	49.0	2
283	27.96	0.0	48.9	2
288	27.50	+ 2.4	47.6	2—3
276	27.78	+ 4.8	52.5	3
297	27.08	+11.0	54.0	2

F 723 UC

Z	$-61°21'$	T	Ba	Bi
	Ob. I			
120	30.39	−10.3	53.1	3
126	30.21	− 3.4	61.4	2
146	31.21	+ 8.1	49.2	2
	Ob. II			
276	31.89	+ 4.9	52.5	3
293	31.08	+11.2	54.2	3

F 279

Z	z $+28°59'$	T	Ba	Bi
	Ob. I			
102	22.71	− 5.8	63.6	2
126	23.54	− 3.5	61.4	2
	Ob. II			
288	22.76	+ 2.4	47.6	2—3
293	23.50	+10.7	54.2	3

F 285

Z	$+42°40'$	T	Ba	Bi
	Ob. I			
120	11.32	−10.8	53.2	3
121	12.23	− 8.7	42.0	3
126	11.69	− 3.5	61.3	2
146	11.47	+ 7.8	49.3	2
	Ob. II			
283	11.61	− 0.4	48.9	2—3
276	12.65	+ 5.1	52.5	3
293	11.78	+10.3	54.2	2
297	11.72	+10.6	54.0	2

F 733 UC

Z	$-77°19'$	T	Ba	Bi
	Ob. I			
109	6.76	−12.2	66.3	3
126	6.09	− 3.3	61.3	3—4
	Ob. II			
288	6.79	+ 2.2	47.6	3

F 291

Z	$+45°41'$	T	Ba	Bi
	Ob. 0			
34	33.43	+28.0	55.0	4
	Ob. I			
108	34.33	−12.6	63.3	3
109	34.48	−12.4	66.2	3
119	34.51	− 6.2	50.2	2—3
138	35.13	+ 9.4	38.7	3
177	35.22	+21.6	57.0	4—3
186	34.99	+22.7	55.9	4—3
182	34.08	+27.4	52.2	3—2
184	34.97	+30.4	51.8	3
176	34.58	+31.6	49.0	3
	Ob. II			
286	33.84	− 1.4	46.7	2—3
293	34.68	+ 9.8	54.3	2
330	35.00	+29.2	55.1	3—

F 295

Z	z +22°54'	T	Ba	Bi
		Ob. I		
120	10.15	−11.°2	53.3	3—2
121	10.58	− 9.4	42.0	3—2
126	10.67	− 3.0	61.2	2—3
146	10.12	+ 7.4	49.3	2
184	10.15	+30.4	51.7	3
176	10.66	+31.6	48.9	3
		Ob. II		
288	10.75	− 0.6	49.0	2
288	9.61	+ 1.9	47.6	3
293	10.56	+ 9.4	54.3	2—3
297	10.60	+10.0	54.2	3

F 300

Z	z −23°0'	T	Ba	Bi
		Ob. I		
108	32.39	−12.5	63.3	2
109	32.24	−12.5	66.2	2
121	31.91	− 9.9	42.0	2
119	32.56	− 6.4	50.2	2
128	32.52	− 5.7	66.6	2
126	31.97	− 3.0	61.2	2
146	31.75	+ 7.2	49.3	3
138	32.57	+ 9.2	38.7	3
		Ob. II		
286	32.59	− 1.4	46.7	2
288	32.25	+ 1.6	47.7	2
293	30.88	+ 9.0	54.3	2
297	32.74	+ 9.7	54.3	2—3

F 759 UC

Z	z −51°24'	T	Ba	Bi
		Ob. I		
121	6.68	−10.3	41.8	3
119	7.36	− 6.6	50.3	2
128	7.31	− 5.9	66.5	2
133	7.63	− 4.7	51.7	2
146	7.18	+ 6.3	49.3	2
138	7.93	+ 8.4	38.7	3
		Ob. II		
291	8.37	− 2.4	49.7	2
286	7.17	− 1.5	46.7	2
288	7.25	+ 1.2	47.8	2
293	7.63	+ 8.7	54.4	2

F 314

Z	z +7°40'	T	Ba	Bi
		Ob. I		
121	53.55	−10.4	41.8	2—
128	53.75	− 5.9	66.4	2—3
133	54.33	− 4.5	51.7	2
146	54.08	+ 6.0	49.3	2

F 314

Z	z +7°40'	T	Ba	Bi
		Ob. II		
288	53.91	+ 1.°2	47.8	2
293	54.27	+ 8.5	54.4	2
297	53.61	+ 8.9	54.4	2

F 317

Z	z −9°51'	T	Ba	Bi
		Ob. I		
121	31.96	− 9.8	41.7	3
133	32.41	− 4.6	51.6	3—2
126	32.16	− 3.7	61.0	2—3
131	32.15	+ 0.4	48.1	2—3
146	31.81	+ 5.8	49.3	2
138	32.27	+ 7.9	38.6	3—2
		Ob. II		
286	31.88	− 1.6	46.7	2
289	32.54	− 0.4	57.2	2—3
288	32.23	+ 1.1	47.8	2
297	32.00	+ 8.7	54.6	2

F 770 UC

Z	z −54°11'	T	Ba	Bi
		Ob. I		
128	25.01	− 6.1	66.4	2
133	25.85	− 4.7	51.7	3
126	25.07	− 3.9	61.0	3
131	25.74	+ 0.4	48.1	2
146	25.05	+ 5.5	49.4	2
138	26.13	+ 7.4	38.6	3
		Ob. II		
291	25.66	− 2.3	49.7	3
286	24.75	− 1.6	46.7	2
289	24.92	− 0.9	57.2	2
288	25.24	+ 1.0	47.9	3—2
295	23.36	+10.4	50.8	3

F 335

Z	z +2°46'	T	Ba	Bi
		Ob. I		
128	27.77	− 6.4	66.5	2
133	27.91	− 4.9	51.4	3—2
126	25.56	− 4.1	60.9	2—3
146	26.55	+ 4.7	49.4	2
138	27.78	+ 6.6	38.6	2—3
152	27.82	+10.9	51.6	2—3
		Ob. II		
289	27.22	− 1.9	57.2	2
286	28.15	− 1.8	46.7	2
288	27.61	+ 1.5	47.9	2
295	28.17	+10.2	50.8	3—2
312	28.06	+22.6	55.6	2—3

F 347

Z	z +48°28'	T	Ba	Bi
		Ob. I		
128	48.17	− 6.°4	66.5	2—3
126	47.88	− 4.2	60.8	2—3
131	48.26	0.0	48.0	3—2
146	47.58	+ 4.2	49.4	2—3
137	47.79	+ 4.3	43.2	3—2
138	47.81	+ 6.3	38.6	2
152	47.89	+10.6	51.6	2
		Ob. II		
289	48.18	− 2.5	57.2	2
291	48.73	− 2.4	49.9	3
286	47.94	− 1.9	46.7	2
288	48.02	+ 1.5	48.0	2
295	48.26	+10.1	50.8	3
316	48.17	+21.4	48.4	3

F 803 UC

Z	z −66°37'	T	Ba	Bi
		Ob. I		
121	14.37	−11.5	41.2	3
126	14.35	− 4.2	60.8	3
146	14.75	+ 4.2	49.4	2—3
138	14.94	+ 6.2	38.5	3—2
140	14.50	+ 8.4	41.3	2
152	14.94	+10.3	51.6	3
		Ob. II		
289	14.13	− 2.6	57.1	3
291	14.73	− 2.4	49.9	2—3
286	14.79	− 2.0	46.7	2
288	14.47	+ 1.5	48.0	3—4
296	14.00	+ 5.5	54.8	3—4
295	14.34	+ 9.8	50.8	3—4
215	14.03	+15.6	55.7	2—3
316	14.36	+21.2	48.4	3—2
312	14.04	+22.2	55.7	2

F 354

Z	z +59°26'	T	Ba	Bi
		Ob. I		
121	38.98	−12.3	41.1	3
131	39.98	0.0	47.9	3
138	39.78	+ 6.0	38.5	2
152	39.90	+ 9.9	51.6	3
		Ob. II		
289	39.61	− 2.7	57.1	2
291	39.99	− 2.4	49.9	2—3
296	39.33	+ 5.4	54.7	3—
295	39.49	+ 9.6	50.8	3
215	40.41	+16.0	55.7	3—4
312	38.90	+22.0	55.7	3

Ne

Z	z −30°32'	T	Ba	Bi
		Ob. I		
121	53.41	−12.8	41.1	2−3
126	53.96	− 4.2	60.8	2−3
131	54.47	− 0.1	47.9	3−2
137	53.81	+ 3.8	43.2	3−2
140	53.10	+ 7.9	41.3	2−3
		Ob. II		
289	53.44	− 2.8	57.1	2
291	53.39	− 2.4	49.9	2−3
288	53.60	+ 1.2	48.1	2−3
295	53.41	+ 9.4	50.8	3−2
312	53.18	+21.9	55.7	2

F 368

Z	−8°16'	T	Ba	Bi
		Ob. I		
121	51.82	− 13.1	41.0	3
128	50.89	− 7.0	66.5	2
126	50.78	− 4.2	60.7	2−3
131	50.68	− 0.3	47.8	3−2
137	50.84	+ 3.4	43.1	2−3
140	50.53	+ 7.5	41.3	2−3
152	51.58	+ 9.1	51.6	2
		Ob. II		
289	50.30	− 3.0	57.0	2
291	51.01	− 2.5	49.8	2−3
296	50.63	+ 4.6	54.7	2
295	50.83	+ 8.9	50.8	2−3
299	50.34	+10.2	52.9	2−3
300	51.05	+11.6	56.0	3
316	50.73	+20.8	48.4	2
312	50.96	+21.5	55.7	2
318	51.36	+23.2	47.5	2

F 380

Z	+38°46'	T	Ba	Bi
		Ob. I		
121	38.20	− 13.1	40.9	3
128	38.08	− 7.2	66.5	2−3
126	38.21	− 4.1	60.7	2−
131	37.51	− 0.7	47.7	3−2
149	37.84	− 0.4	47.5	3−2
146	38.04	+ 2.7	49.4	2−3
137	38.04	+ 3.1	43.0	2−3
148	37.95	+ 4.5	41.2	2
140	38.38	+ 7.2	41.3	2−3
152	37.68	+ 8.7	51.6	3
157	38.51	+22.0	61.6	2
158	38.27	+24.2	56.5	3
		Ob. II		
289	38.04	− 3.3	57.0	2−3
291	38.05	− 2.5	49.8	3−2
296	37.44	+ 4.1	54.7	2−3
295	37.11	+ 8.1	50.9	3

F 380

Z	z +38°46'	T	Ba	Bi
		Ob. II		
218	37.86	+11.8	60.5	3
215	38.56	+17.0	55.7	3
316	37.60	+20.2	48.4	2
325	37.79	+20.4	57.2	2−3
312	37.70	+21.7	55.7	2
318	38.31	+22.8	47.5	2
206	37.85	+24.8	48.8	2−
205	37.96	+25.3	50.6	3

F 836 UC

Z	−71° 1'	T	Ba	Bi
		Ob. I		
128	25.63	− 7.4	66.5	3
126	25.20	− 4.2	60.6	2−3
131	25.06	− 0.8	47.6	3
149	24.61	− 0.7	47.5	3−2
146	25.00	+ 2.6	49.4	2
137	24.55	+ 2.8	43.0	3−
148	25.09	+ 4.2	41.2	3
140	24.82	+ 7.0	41.3	2
152	25.29	+ 8.5	51.6	3−4
		Ob. II		
289	25.47	− 3.4	56.9	2−3
295	24.77	+ 7.9	50.9	4
299	24.83	+ 9.7	52.9	3
300	25.25	+11.1	56.0	4
312	25.12	+21.2	55.7	2−3

F 386

Z	+9°14'	T	Ba	Bi
		Ob. I		
128	3.69	− 7.5	66.5	2
131	3.62	− 1.0	47.6	2−3
149	3.97	− 0.6	47.5	2
137	4.10	+ 2.5	42.9	2−
140	3.44	+ 6.9	41.3	2
157	3.79	+21.5	61.6	2
158	2.80	+23.4	56.7	2
		Ob. II		
296	3.43	+ 4.0	54.8	2
295	3.94	+ 7.6	50.9	2
299	3.51	+ 9.5	52.9	2
300	3.12	+10.8	56.1	2−3
316	4.40	+18.6	48.4	2
325	4.81	+20.2	50.1	2−3
318	3.58	+22.5	47.5	2

F 844 UC

Z	−77° 2'	T	Ba	Bi
		Ob. I		
128	7.34	− 7.7	66.5	3
131	7.52	− 1.1	47.6	3−

F 844 UC

Z	z −77° 2'	T	Ba	Bi
		Ob. I		
137	6.28	+ 2.3	42.9	4−3
148	5.65	+ 3.9	41.0	3
140	5.70	+ 6.8	43.1	2
		Ob. II		
289	5.37	− 3.5	56.9	3
302	5.87	+ 3.8	51.4	3
296	6.95	+ 4.0	54.8	3−4
299	6.70	+ 9.4	53.0	3

F 395

Z	−24°59'	T	Ba	Bi
		Ob. I		
128	18.10	− 7.8	66.5	2
131	17.99	− 1.1	47.6	2
137	17.89	+ 2.0	42.9	2
148	18.14	+ 3.7	41.0	3−2
140	17.63	+ 6.6	41.3	2
158	17.91	+23.2	56.7	2
		Ob. II		
302	17.64	+ 3.8	51.3	2
296	17.74	+ 4.0	54.8	2
295	17.97	+ 7.2	50.9	2
299	17.34	+ 9.3	53.0	2
300	18.27	+10.6	56.1	2
312	18.44	+20.5	55.8	2
318	18.25	+22.1	47.5	2

F 417

Z	−11° 2'	T	Ba	Bi
		Ob. 0		
4	41.54	+15.2	56.3	
49	41.12	+15.2	59.0	3
8	41.63	+18.8	58.5	3
13	40.58	+23.6	54.5	3−
10	40.69	+24.7	56.2	3−
39	41.76	+26.3	47.3	3
		Ob. I		
128	40.53	− 7.9	66.4	3−2
149	40.04	− 1.3	47.4	2
137	40.11	+ 1.5	42.8	3
148	40.83	+ 3.1	41.0	3−2
140	40.30	+ 6.4	41.3	2
163	40.73	+19.7	55.3	3−2
		Ob. II		
296	39.96	+ 3.6	54.9	3−2
300	40.34	+ 9.7	56.2	2
208	40.55	+15.8	53.3	3
209	39.93	+17.9	55.4	3
215	40.70	+18.1	55.5	2−3
207	39.74	+19.0	47.1	3
325	40.06	+19.7	50.0	2−3
210	40.37	+20.6	58.7	3−

28

F 417

Z	z −11° 2'	T	Ba	Bi
		Ob. II		
211	40".02	+21.°2	56.2	4
318	40.01	+ 21.2	47.6	2
205	39.99	+ 25.3	50.5	2—3

F 420

Z	z +6°12'	T	Ba	Bi
		Ob. I		
128	21.41	− 7.9	66.4	2—3
149	21.78	− 1.4	47.4	2
137	21.90	+ 1.4	42.8	3
148	20.95	+ 3.1	41.0	2
140	21.72	+ 6.3	41.3	2
152	21.42	+ 7.2	51.6	3
154	21.23	+ 9.2	55.0	2
		Ob. II		
296	21.44	+ 3.4	55.0	2
302	21.31	+ 3.4	51.3	2
304	21.46	+ 3.7	56.5	2
308	20.88	+ 6.3	52.2	2
305	20.23	+ 7.3	52.4	2
318	21.57	+ 16.3	47.6	2

F 422

Z	z +30°10'	T	Ba	Bi
		Ob. 0		
12	35.67	+ 18.8	61.4	3
13	35.46	+ 23.4	54.5	3
10	35.76	+ 24.0	56.2	3
		Ob. I		
149	35.93	− 1.5	47.4	2
137	36.42	+ 1.3	42.7	3—2
148	36.23	+ 3.1	41.0	2
140	36.21	+ 6.3	41.3	2
152	36.05	+ 7.2	51.6	2—3
154	35.55	+ 9.0	55.0	2—3
163	36.36	+ 19.1	55.3	3—2
176	36.69	+ 29.3	48.3	2
		Ob. II		
302	35.71	+ 3.2	51.3	2
296	36.16	+ 3.3	55.0	2—3
308	35.02	+ 6.2	52.2	3
305	35.78	+ 7.2	52.4	2—3
300	36.10	+ 9.4	56.2	2—3
325	36.20	+ 19.5	50.0	2
318	35.65	+ 20.8	47.6	2

F 427

Z	z +44°40'	T	Ba	Bi
		Ob. 0		
4	14.77	+ 13.6	56.2	3
10	14.10	+ 23.0	56.2	3—

F 427

Z	z +44°40'	T	Ba	Bi
		Ob. I		
128	15".27	− 8.°0	66.4	2—3
149	15.31	− 1.6	47.4	2
148	15.55	+ 3.1	41.0	2—3
140	15.72	+ 6.2	41.3	2
152	15.39	+ 7.2	51.6	2—3
		Ob. II		
302	15.41	+ 3.1	51.3	2
304	15.95	+ 3.7	56.6	2—3
305	15.03	+ 7.1	52.4	2—3
300	15.16	+ 9.2	56.3	2
303	14.94	+ 14.4	51.5	3—2

F 893 UC

Z	z −51°40'	T	Ba	Bi
		Ob. 0		
4	27.71	+ 12.6	56.2	3
8	27.94	+ 16.4	58.4	3—2
9	27.77	+ 20.8	57.1	3
10	27.29	+ 22.0	56.2	3
13	27.74	+ 22.7	54.4	3—2
18	28.27	+ 23.2	52.6	3
		Ob. I		
149	28.46	− 1.9	47.3	2
148	29.09	+ 3.1	41.0	2
152	29.05	+ 7.1	51.6	3—2
168	28.41	+ 13.6	52.7	2
162	28.46	+ 17.0	52.2	3—2
163	28.52	+ 18.6	55.4	2—3
176	29.40	+ 28.3	48.4	2—3
		Ob. II		
302	28.55	+ 2.8	51.3	3
308	28.30	+ 5.7	52.2	2—3
305	28.51	+ 7.0	52.4	3
300	28.57	+ 8.8	56.3	3
309	28.77	+ 9.9	54.9	2—3
218	27.81	+ 12.7	60.5	2—3
325	28.51	+ 19.1	49.9	2

F 444

Z	z +36° 7'	T	Ba	Bi
		Ob. 0		
8	12.10	+ 15.6	58.2	3
49	13.47	+ 15.9	59.0	3
12	12.92	+ 17.2	61.4	3—2
9	12.14	+ 20.4	57.1	3
		Ob. I		
149	12.60	− 2.0	47.3	2
148	12.89	+ 3.2	40.9	3—2
152	12.46	+ 7.1	51.6	3—2
154	12.59	+ 8.2	55.0	2
162	13.07	+ 17.1	52.3	3—2
163	12.84	+ 18.1	55.4	3—2

F 444

Z	z +36° 7'	T	Ba	Bi
		Ob. II		
302	12".52	+ 2.°8	51.3	2
308	12.67	+ 5.5	52.2	2—3
305	12.12	+ 7.1	52.3	3
300	12.25	+ 8.5	56.3	2
318	13.20	+ 19.8	47.6	2

F 447

Z	z −2°59'	T	Ba	Bi
		Ob. 0		
16	60.83	+ 17.4	52.7	3
13	61.03	+ 22.0	54.4	3—
18	60.82	+ 22.8	52.8	3—2
		Ob. I		
154	60.88	+ 7.9	55.0	2
168	60.53	+ 13.2	52.7	2
163	60.07	+ 17.8	55.4	3—2
176	60.80	+ 27.6	48.5	3
		Ob. II		
305	60.40	+ 7.2	52.3	2
309	60.00	+ 9.4	54.8	2
218	60.68	+ 12.8	60.4	3—2
215	60.55	+ 19.1	55.4	2—3
210	60.58	+ 21.8	58.5	3
211	59.90	+ 21.9	55.8	3
212	60.38	+ 24.1	53.9	3
217	60.89	+ 24.6	49.0	3—2
205	60.79	+ 26.1	50.3	2
206	60.54	+ 26.2	48.4	3—2

F 457

Z	z +68°14'	T	Ba	Bi
		Ob. 0		
8	11.25	+ 14.4	58.2	3—2
12	12.39	+ 15.5	61.3	3
16	13.65	+ 16.6	52.7	3—2
9	12.01	+ 19.0	57.1	3
10	12.25	+ 20.7	56.2	3
18	12.76	+ 21.4	52.7	3
13	12.51	+ 21.7	54.4	3—4
		Ob. I		
148	14.26	+ 3.2	40.9	3
152	13.30	+ 6.6	51.6	3
153	13.01	+ 7.3	47.8	3—2
154	13.03	+ 7.6	55.0	2
156	13.38	+ 12.9	59.9	2—3
		Ob. II		
302	12.31	+ 2.6	51.3	3
308	13.03	+ 5.2	52.1	3
305	14.03	+ 7.2	52.3	4
309	12.10	+ 9.0	54.8	2
310	11.57	+ 9.3	49.3	2

F 472

Z	z −19° 5'	T	Ba	Bi
		Ob. 0		
8	22.08	+13.6	58.2	3—2
12	22.07	+14.6	61.3	3
16	22.40	+15.8	52.8	3
9	22.20	+18.4	57.3	3
21	22.95	+19.7	56.9	3
10	22.10	+20.0	56.1	3
13	21.87	+21.2	54.3	3
		Ob. I		
152	23.66	+6.4	51.5	2—3
153	23.65	+7.0	47.8	2—3
154	22.69	+7.3	55.0	2
155	23.85	+12.5	54.9	2
156	22.51	+12.6	60.0	2
163	22.91	+16.6	55.5	2—3
178	22.83	+19.5	57.5	2
183	23.48	+22.0	50.2	2—3
59	23.37	+27.4	47.6	3
		Ob. II		
302	22.64	+2.2	51.2	2
308	23.08	+4.6	52.1	2
305	23.23	+6.7	52.3	3
309	23.80	+8.7	54.8	2—3
310	21.26	+9.0	49.4	2

F 21 UC

Z	z −72°45'	T	Ba	Bi
		Ob. 0		
8	40.26	+13.0	58.2	3—2
12	40.25	+14.4	61.2	3
16	42.38	+15.3	52.8	3
9	40.79	+18.2	57.2	3—2
13	42.86	+21.0	54.3	3—4
		Ob. I		
148	43.98	+2.9	40.9	3—2
152	42.51	+6.3	51.5	3—4
153	42.85	+6.9	47.8	4—3
154	42.91	+7.1	55.0	3—2
155	42.84	+12.4	55.0	3—4
156	41.80	+12.6	60.0	3—2
163	43.28	+16.5	55.5	3—
		Ob. II		
302	42.28	+2.0	51.2	3
308	42.32	+4.3	52.1	3
305	43.55	+6.4	52.3	4
309	42.45	+8.6	54.8	3
310	42.40	+8.8	49.4	2

F 483

Z	z − 5°15'	T	Ba	Bi
		Ob. 0		
57	18.01	+9.4	58.5	3
12	17.55	+13.8	61.2	3—

F 483

Z	z − 5°15'	T	Ba	Bi
		Ob. 0		
53	17.41	+13.8	53.1	4—3
49	19.87	+16.3	59.1	3
18	17.26	+18.3	52.6	3
21	18.42	+19.2	56.9	3—2
13	18.82	+20.7	54.3	3
26	20.00	+29.4	55.5	3
		Ob. I		
152	19.34	+6.0	51.5	2
156	18.16	+12.5	60.1	2
62	18.94	+15.8	52.1	2—3
64	19.06	+15.9	51.9	3—4
61	17.68	+19.0	53.4	3
178	18.11	+19.2	57.6	2
183	17.25	+21.3	50.2	2—3
65	18.66	+23.4	48.3	3
		Ob. II		
309	18.03	+8.4	54.8	2
310	18.17	+8.6	49.4	2
218	17.53	+13.6	60.4	3—2
231	17.90	+14.5	65.8	3
224	17.92	+15.0	57.3	3—2
225	17.87	+15.1	55.8	3
228	17.56	+16.3	62.0	2
230	17.35	+16.9	67.0	3
223	17.45	+19.3	56.8	2
214	19.02	+25.2	49.7	2
329	17.55	+26.3	51.8	2

F 485

Z	z +12°23'	T	Ba	Bi
		Ob. 0		
8	18.55	+12.8	58.2	3—2
16	18.85	+14.8	52.8	3
24	18.68	+24.2	50.4	3
		Ob. I		
154	18.27	+7.1	54.9	2
153	18.49	+7.2	47.8	3—2
155	18.83	+12.2	55.0	2
163	18.73	+16.1	55.5	3—2
		Ob. II		
302	18.69	+1.9	51.2	2
308	18.78	+3.8	52.0	2
305	18.62	+6.2	52.3	3—2
313	18.80	+16.1	54.1	2
332	19.29	+28.8	58.2	2

Na UC

Z	z −48° 1'	T	Ba	Bi
		Ob. 0		
12	57.07	+13.2	61.1	3—2
16	57.52	+14.2	52.9	3—2
9	56.88	+17.8	57.2	3

Na UC

Z	z −43° 1'	T	Ba	Bi
		Ob. 0		
18	56.95	+17.8	52.6	3—2
10	56.82	+19.0	56.1	3
13	57.75	+20.5	54.3	3
		Ob. I		
152	57.72	+5.9	51.5	2
154	57.52	+7.1	54.9	2
153	57.31	+7.5	47.8	3
155	57.57	+12.1	55.1	2
163	57.76	+15.9	55.6	3
172	57.29	+17.1	55.3	3
178	57.44	+18.8	57.7	2
183	57.79	+21.2	50.2	2
		Ob. II		
302	56.92	+1.9	51.2	2
308	57.22	+3.8	52.0	2
305	57.66	+6.3	52.2	2—3
309	57.25	+8.4	54.8	2
192	57.20	+22.1	53.3	2
329	57.00	+26.2	51.8	2
332	57.71	+28.6	58.1	2

F 490

Z	+56°15'	T	Ba	Bi
		Ob. 0		
18	0.15	+17.1	52.5	3—2
13	1.95	+20.4	54.3	3—2
		Ob. I		
153	1.80	+7.8	47.8	3
155	1.31	+11.8	55.1	2
163	1.56	+15.8	55.6	3—2
		Ob. II		
310	0.62	+8.2	49.5	2
315	0.06	+11.9	51.0	3
313	1.12	+15.8	54.0	2

F 41 UC

Z	z −49°36'	T	Ba	Bi
		Ob. 0		
12	45.53	+13.1	61.1	3
16	45.46	+13.6	52.9	2—3
10	45.84	+18.8	56.1	3—2
		Ob. I		
152	46.22	+5.7	51.5	2
154	46.16	+7.2	54.9	2
156	45.54	+12.5	60.1	3—2
		Ob. II		
310	46.19	+8.3	49.4	2
315	45.78	+11.9	51.0	3
317	46.24	+13.6	50.6	2
313	45.72	+15.6	54.0	2

F 48 UC

Z	z −69° 2'	T	Ba	Bi
		Ob. 0		
12	30.05	+12.9	61.1	3
5	30.90	+14.5	52.0	3
6	30.58	+15.4	58.3	
18	30.83	+16.6	52.5	2−3
21	31.48	+18.4	57.0	3−2
10	30.11	+18.5	56.1	3−2
13	31.51	+20.2	54.2	3
		Ob. I		
152	31.14	+5.6	51.4	3−4
154	32.38	+7.2	54.9	3
153	31.26	+8.2	47.8	4
155	30.97	+11.7	55.1	2−3
156	30.43	+12.4	60.1	3
167	30.52	+16.3	54.3	2−3
178	32.13	+18.1	57.9	3
165	31.61	+18.6	48.4	4−3
		Ob. II		
310	31.01	+8.0	49.6	2
309	30.57	+8.3	54.8	3−2
317	30.43	+13.6	50.7	3
313	30.58	+15.4	54.0	2−3
332	31.36	+28.4	58.1	2

F 57 UC

Z	z −78°34'	T	Ba	Bi
		Ob. 0		
16	34.65	+12.2	52.9	3
18	35.66	+16.0	52.4	3
		Ob. I		
155	36.32	+11.2	55.2	3
156	33.74	+12.3	60.2	3
163	35.89	+15.8	55.6	3−4
167	33.57	+15.8	54.7	2−3
166	34.80	+16.0	55.8	3
165	34.72	+17.4	48.3	4
		Ob. II		
315	35.18	+12.4	51.0	3
317	35.75	+13.7	50.7	3
313	34.15	+14.0	54.1	3

F 509

Z	z +1°25'	T	Ba	Bi
		Ob. 0		
20	27.68	+25.6	55.4	3
		Ob. I		
235	28.07	+7.5	66.8	3
153	28.64	+8.7	47.8	3−2
155	28.70	+11.1	55.2	2
84	28.09	+11.3	56.9	3−2
74	27.78	+12.2	50.5	2−3
80	28.76	+14.7	50.3	2
81	27.68	+14.9	52.1	2−3
167	28.09	+15.6	54.9	2
231	28.22	+16.3	65.3	3−2
183	28.02	+19.9	50.2	2−3
70	28.15	+20.9	58.1	3
		Ob. II		
310	27.80	+7.9	49.6	2
317	28.26	+13.8	50.8	3
224	28.82	+15.7	57.4	3−2
227	28.44	+16.0	58.7	2
225	29.11	+16.7	55.2	2−3
228	27.43	+17.5	61.9	3−2
230	28.65	+18.6	66.6	2
223	27.89	+19.1	56.8	2−3
222	28.30	+20.6	48.9	2
192	28.04	+20.8	53.2	2
221	28.29	+23.7	50.1	3−2
332	28.63	+27.9	58.0	2

F 70 UC

Z	z −56°49'	T	Ba	Bi
		Ob. 0		
16	42.95	+12.0	53.0	3−2
12	42.20	+12.2	61.0	3−
5	42.11	+13.5	52.2	3−2
18	41.97	+15.2	52.4	3−2
6	42.12	+15.3	58.2	3−2
9	42.37	+16.3	57.3	3−2
21	42.83	+16.6	57.0	3−2
10	41.56	+17.7	56.1	3−2
13	43.01	+19.6	54.2	3
		Ob. I		
153	43.48	+8.7	47.8	4−3
155	42.71	+10.9	55.3	3−2
156	42.80	+11.2	60.2	3−4
167	42.81	+15.3	55.1	3−2
163	43.10	+15.9	55.6	3−2
166	43.51	+16.0	55.7	3−2
165	43.09	+17.0	48.4	3
		Ob. II		
310	42.52	+7.7	49.6	2
315	42.43	+12.1	51.0	3
317	42.33	+13.7	50.8	2
313	42.72	+14.7	54.1	2−3
192	42.27	+20.6	53.2	3−2

F 521

Z	z −13°37'	T	Ba	Bi
		Ob. 0		
		Ob. I		
168	19.86	+8.9	52.8	3
156	20.03	+11.1	60.3	2
84	19.56	+11.5	56.9	3−2
167	19.48	+15.2	55.0	2
163	20.18	+15.9	55.6	3−2
166	20.30	+16.0	55.7	2−3
165	19.49	+16.9	48.3	2−3
183	20.96	+19.3	50.2	2
		Ob. II		
315	19.81	+11.8	50.9	3
317	19.89	+13.6	50.8	3
313	19.96	+14.7	54.1	2
192	19.51	+20.3	53.2	2−3
198	20.45	+22.3	45.3	2−3
332	19.86	+27.4	57.9	2

F 526

Z	z +31°32'	T	Ba	Bi
		Ob. 0		
16	21.28	+11.9	53.1	3
5	21.45	+13.2	52.2	
6	20.74	+14.8	58.1	3−2
9	21.22	+16.0	57.3	3
21	21.16	+16.0	57.0	3−4
10	20.77	+17.4	56.1	3−
24	20.85	+21.4	50.2	3
26	20.16	+24.6	55.4	3
		Ob. I		
87	22.52	+6.4	55.3	3
236	21.35	+7.5	61.9	3
85	22.90	+10.4	55.6	3
156	21.74	+10.9	60.3	3
84	22.50	+11.6	56.9	3−
74	21.69	+13.3	50.8	3
77	21.85	+13.5	58.5	3−2
78	21.86	+13.6	50.5	3
167	21.52	+15.0	54.9	2−3
163	21.54	+15.9	55.6	3−2
79	22.25	+16.0	46.1	3
231	21.16	+16.6	65.2	3
165	21.63	+16.9	48.3	3−2
183	21.80	+19.0	50.2	3−2
78	22.82	+19.5	52.5	2−3
70	21.96	+21.7	57.7	3−
		Ob. II		
310	21.22	+7.4	49.7	2
315	21.35	+11.6	50.8	3
317	20.63	+13.4	50.0	3
313	21.36	+14.5	54.1	3−2
224	22.56	+15.7	57.5	3−4
227	21.44	+16.5	58.6	3
225	22.21	+17.4	54.8	3
228	21.40	+17.7	61.8	3−2
192	21.86	+20.0	53.2	2
332	21.07	+27.2	57.9	2

F 531

Z	z −1° 5'	T	Ba	Bi
	Ob. 0			
24	5.88	+20.6	50.2	3
	Ob. I			
168	7.11	+ 8.8	52.8	2
153	6.74	+ 9.2	47.8	3—2
156	7.07	+10.7	60.4	2
167	7.66	+14.9	54.9	2
166	7.65	+15.7	55.7	2
163	6.67	+15.8	55.6	2—3
183	6.85	+18.4	50.2	2—3
	Ob. II			
315	7.30	+11.8	50.8	3
317	7.79	+12.2	50.8	3
321	7.28	+12.8	58.6	2
313	6.97	+14.4	54.1	2
188	6.42	+19.0	54.1	2—3
192	7.12	+19.6	53.2	2

F 535

Z	z +12°28'	T	Ba	Bi
	Ob. 0			
15	33.29	+13.1	53.9	3
14	33.65	+13.5	53.2	3
6	34.27	+14.0	58.1	3
21	32.99	+15.6	57.1	3—2
9	33.02	+15.7	57.3	3
11	33.10	+16.0	57.7	3
22	33.07	+16.1	55.4	3
24	33.88	+19.8	50.2	3—
26	33.89	+23.3	55.4	3
	Ob. I			
246	33.65	+ 4.9	60.8	2
87	34.98	+ 6.5	55.2	3—2
153	33.65	+ 9.1	47.8	3—2
156	33.04	+10.6	60.4	2
237	33.66	+12.4	52.6	2—3
167	33.13	+14.9	54.9	3
166	33.26	+15.6	55.6	2—3
163	33.31	+15.7	55.7	2—3
165	32.78	+16.7	48.2	3
183	33.15	+18.1	50.2	2
	Ob. II			
321	32.90	+12.8	58.7	2
313	32.90	+14.3	54.2	2
323	33.62	+17.6	56.3	2
192	33.30	+19.4	53.2	2
332	33.26	+26.3	57.9	2

F 545

Z	z +56°26'	T	Ba	Bi
	Ob. 0			
5	39.48	+12.4	52.3	3—2
15	39.48	+13.0	53.8	3
14	39.69	+13.°1	53.3	3
6	40.13	+13.4	58.0	3
21	39.19	+15.4	57.1	3—4
9	39.05	+15.6	57.3	3—2
11	38.50	+15.7	57.7	3
	Ob. I			
168	39.41	+ 8.5	52.8	3
156	39.95	+10.6	60.4	2—3
167	39.93	+14.9	54.8	2—3
166	40.16	+15.4	55.6	2—3
163	40.54	+15.6	55.7	3
183	39.75	+17.6	50.2	2—3
	Ob. II			
315	39.65	+11.1	50.7	3
317	38.87	+11.4	50.7	3
321	38.87	+12.6	58.7	2
318	39.85	+14.1	54.2	3
323	39.30	+17.8	56.3	3—4

F 548

Z	z +66°50'	T	Ba	Bi
	Ob. 0			
14	31.08	+12.9	53.3	4
21	32.88	+15.2	57.1	3—4
11	31.49	+15.3	57.7	3—2
9	32.35	+15.6	57.3	2—3
23	31.09	+16.9	50.6	3
	Ob. I			
168	32.78	+ 8.4	52.8	3
156	33.14	+10.6	60.4	2
167	32.14	+14.9	54.8	3
166	32.94	+15.2	55.6	3—2
163	33.29	+15.5	55.7	3—4
183	32.09	+17.3	50.2	3
	Ob. II			
315	32.27	+11.1	50.7	3
317	31.67	+11.6	50.7	3
321	32.17	+12.6	58.7	4
313	32.73	+14.0	54.2	3—4
192	32.57	+18.9	53.1	3—2

F 550

Z	z −23°20'	T	Ba	Bi
	Ob. 0			
14	60.99	+12.5	53.3	3
6	61.42	+12.8	58.0	
15	61.27	+12.9	53.7	3
21	62.06	+15.0	57.1	3
23	60.77	+16.7	50.6	3
	Ob. I			
246	61.32	+ 5.°4	60.6	2—3
244	60.86	+ 6.2	59.7	2
87	61.20	+ 6.9	55.0	3—2
235	61.84	+ 7.4	66.4	2—3
86	61.88	+ 8.5	50.8	2
236	61.60	+ 8.6	61.4	3
85	60.86	+10.9	55.0	2—3
84	61.54	+12.0	56.8	3—2
74	61.90	+12.8	50.1	2—3
239	61.75	+13.6	49.8	2—3
241	62.02	+13.6	46.2	2—3
83	61.31	+14.8	57.1	3—2
166	60.85	+15.1	55.6	2
163	61.13	+15.4	55.7	2—3
81	61.43	+15.7	51.4	2—3
165	61.23	+16.4	48.2	2—3
82	61.02	+17.7	58.7	3
	Ob. II			
315	61.18	+11.0	50.7	3
317	60.73	+11.4	50.7	3
321	61.52	+12.5	58.7	2
188	60.52	+17.9	54.2	2—3
323	61.67	+17.9	56.3	2
198	61.46	+21.1	45.2	2—3
332	61.11	+25.0	57.8	2

F 564

Z	z +60°13'	T	Ba	Bi
	Ob. 0			
14	6.16	+12.2	53.3	3
15	5.80	+12.4	53.6	3
11	7.77	+14.2	57.8	3
9	6.81	+15.1	57.4	3—2
23	5.28	+16.4	50.7	3—2
24	7.56	+18.0	50.1	2—3
	Ob. I			
168	6.94	+ 8.1	52.8	3
166	7.55	+14.7	55.6	3—2
167	7.08	+14.7	54.6	3
170	7.19	+15.0	53.9	3—4
165	6.58	+16.4	48.2	3
180	7.07	+19.2	52.8	3—4
	Ob. II			
326	6.81	+ 9.9	50.1	2—3
315	6.90	+10.9	50.6	3
317	5.92	+11.2	50.7	3
321	6.32	+12.1	58.7	2
319	6.93	+16.3	53.5	2
188	6.95	+17.1	54.2	3
323	6.94	+17.7	56.3	2
198	6.57	+20.3	45.1	2—3
332	7.14	+23.4	57.8	2

F 120 UC

Z	z −79°17′	T	Ba	Bi
		Ob. 0		
7	33.36	+10.8	60.2	3
14	33.61	+12.2	53.4	3—4
15	32.23	+12.2	53.6	4
11	32.38	+13.8	57.8	3—4
23	30.85	+16.2	50.7	2—3
		Ob. I		
168	32.69	+8.0	52.8	3—4
173	32.70	+14.0	55.6	3—4
166	33.41	+14.6	55.5	3
167	32.03	+14.6	54.6	3
180	30.87	+19.0	52.7	3—4
		Ob. II		
326	33.64	+9.8	50.1	2—3
315	32.50	+11.0	50.6	3
317	31.80	+11.2	50.7	3
321	32.34	+11.9	58.7	2
319	32.23	+16.0	53.5	2
323	32.97	+17.9	56.3	2

F 571

Z	z −8°6′	T	Ba	Bi
		Ob. 0		
23	58.47	+16.0	50.7	3
24	58.68	+17.7	50.1	2—3
		Ob. I		
246	60.15	+6.2	60.4	3—2
244	59.91	+6.5	59.4	2—3
87	59.64	+7.6	54.7	3
85	60.77	+11.2	54.5	3—2
84	59.55	+12.2	56.8	2—3
166	59.12	+14.4	55.5	2—3
170	59.96	+14.8	53.9	3—2
83	59.85	+15.1	56.9	3—2
81	60.05	+15.8	51.5	3—2
165	59.97	+16.4	48.1	3—2
82	59.38	+17.7	53.8	3—2
		Ob. II		
249	60.76	+0.2	68.2	2—3
247	59.29	+2.3	61.6	3—2
252	59.63	+3.0	58.7	3
321	60.43	+11.8	58.7	2
188	59.77	+16.4	54.3	3
198	59.64	+20.0	45.1	2

F 578

Z	z +24°8′	T	Ba	Bi
		Ob. 0		
7	43.05	+10.4	60.2	3
15	43.23	+12.0	53.5	3
14	43.17	+12.2	53.4	3
6	42.37	+12.5	57.8	3
11	42.19	+13.3	57.8	3—
23	42.73	+15.8	50.7	3—2

F 578

Z	z +24°8′	T	Ba	Bi
		Ob. I		
92	43.56	−7.0	55.3	3—2
246	43.03	+6.5	60.3	2—3
168	42.84	+7.9	52.8	3—2
84	43.06	+12.7	56.7	3—2
177	43.44	+13.2	57.1	2—3
173	42.62	+13.6	55.6	3
166	43.40	+14.2	55.5	3—2
167	42.89	+14.4	54.4	3
170	42.71	+14.7	53.9	3
81	43.17	+15.8	51.5	3—2
165	43.31	+16.4	48.1	3
82	44.33	+17.7	53.9	2—3
180	43.39	+18.3	52.7	3
		Ob. II		
249	43.63	+0.3	68.2	2
247	43.17	+2.2	61.7	2—3
326	42.69	+9.7	50.2	2—3
317	42.88	+11.1	50.7	3
321	42.85	+11.6	58.7	2
188	43.23	+16.1	54.3	3
323	43.07	+18.1	56.3	2
198	43.58	+19.8	45.1	2—3
332	42.46	+21.8	57.7	3—2

F 138 UC

Z	z −57°47′	T	Ba	Bi
		Ob. 0		
15	4.77	+11.6	53.4	3—2
14	4.99	+11.9	53.4	3
6	5.34	+12.5	57.8	—
23	4.95	+15.6	50.7	3
		Ob. I		
168	5.47	+7.7	52.8	3
177	4.90	+13.1	57.1	2
166	5.80	+14.1	55.4	2—3
167	5.39	+14.2	54.4	2—3
170	6.05	+14.6	53.9	3
		Ob. II		
326	5.81	+9.6	50.2	2—3
321	5.37	+11.1	58.7	2
188	4.82	+15.2	54.4	3
323	4.54	+18.4	56.3	2

F 582

Z	z +44°27′	T	Ba	Bi
		Ob. 0		
15	2.07	+11.8	53.5	3
11	2.93	+12.9	57.8	3
19	1.28	+14.9	52.6	3—2
		Ob. I		
168	3.19	+7.8	52.8	3—2
173	3.63	+13.3	53.6	3—2

F 582

Z	z +44°27′	T	Ba	Bi
		Ob. I		
167	2.87	+14.3	54.4	3
165	3.52	+16.4	48.1	3
180	3.04	+17.9	52.7	3
		Ob. II		
188	3.19	+15.6	54.4	3
323	3.80	+18.2	56.3	2
198	3.92	+19.5	45.1	2—3

F 590

Z	z −26°54′	T	Ba	Bi
		Ob. 0		
7	50.46	+10.5	60.2	3
14	50.79	+11.8	53.4	3—2
11	50.65	+12.5	57.9	3
23	51.05	+15.5	50.7	2—3
		Ob. I		
86	51.73	+9.7	50.2	2—3
173	51.24	+12.8	53.6	2—3
177	50.93	+12.9	57.1	2—3
166	50.94	+14.7	53.9	3—2
170	50.71	+14.7	53.9	3
81	51.50	+16.0	51.4	2—3
180	51.48	+17.7	52.7	2—3
		Ob. II		
326	51.03	+9.6	50.3	2—3
321	50.55	+11.2	58.7	2
327	50.98	+15.0	48.7	2—3
198	50.90	+19.2	45.1	2
201	50.03	+19.2	50.2	2

F 594

Z	z +78°31′	T	Ba	Bi
		Ob. 0		
7	15.12	+10.6	60.4	4
15	14.57	+11.4	53.4	3—4
14	13.85	+11.6	53.5	3
19	13.45	+14.4	52.6	3—2
		Ob. I		
178	14.17	+12.7	55.6	4—3
177	15.35	+12.7	57.1	3—
166	15.12	+13.8	55.4	3
167	14.62	+14.1	54.4	2—3
170	16.11	+14.8	53.9	4—3
165	16.25	+16.4	48.1	3
180	14.35	+17.0	52.6	3
		Ob. II		
326	15.53	+9.4	50.3	4
321	14.62	+11.0	58.8	2
327	12.98	+14.9	48.7	4
323	14.20	+18.4	56.2	2
198	14.65	+19.0	45.1	3

F 601

Z	z + 5°58'	T	Ba	Bi
		Ob. 0		
15	52.03	+11.2	53.3	3
14	52.24	+11.4	53.5	3—2
11	51.63	+12.0	58.0	3
19	50.75	+14.0	52.6	3—2
		Ob. I		
173	51.37	+12.1	55.6	2—3
177	52.05	+12.5	57.4	2—3
166	52.66	+13.6	55.4	2—3
170	52.34	+14.9	53.9	3—2
165	51.58	+16.1	48.0	2
		Ob. II		
326	51.02	+ 9.0	50.4	2—3
321	50.89	+10.8	58 8	2
327	50.55	+14.7	48.8	2—3
323	51.45	+18.2	56.2	2
198	51.51	+18.7	45.1	2
201	52.11	+18.7	50.2	2

F 616

Z	+77°22'	T	Ba	Bi
		Ob. 0		
7	43.55	+10.2	60.7	4
14	41.87	+10.9	53.5	4
15	44.05	+10.9	53.3	4—3
11	41.27	+12.1	58.1	4
20	41.12	+17.5	48.7	4
35	41.44	+18.7	56.1	3
26	39.84	+20.0	53.5	3
		Ob. I		
173	40.80	+11.5	55.5	4—3
177	41.76	+11.9	57.0	4—3
170	42.57	+14.9	53.8	4
		Ob. II		
321	40.31	+10.4	58.8	2
327	41.31	+14.4	48.8	4
201	41.26	+17.8	50.1	3
323	42.08	+17.9	56.2	2
210	42.22	+18.8	57.8	3

F 626

Z	+12° 2'	T	Ba	Bi
		Ob. 0		
7	51.05	+ 9.8	60.9	3—2
14	51.06	+10.3	53.6	4
15	51.53	+10.7	53.2	3
19	51.43	+13.4	52.6	3
23	50.53	+17.4	50.8	2—3
35	50.96	+17.8	56.0	3
20	51.84	+18.5	48.6	3
26	51.11	+19.7	53.4	3
		Ob. I		
173	51.05	+10.8	55.4	2

F 626

Z	z +12° 2'	T	Ba	Bi
		Ob. I		
177	51.74	+11.7	57.0	2—3
170	51.09	+14.7	53.8	3—2
174	51.85	+18.3	52.8	3
		Ob. II		
252	52.21	+ 3.9	58.8	2
255	51.53	+ 5.8	53.0	2
254	51.08	+ 7.0	55.9	3
326	51.31	+ 7.9	50.7	2—3
256	51.19	+ 8.5	52.0	2—3
327	51.35	+14.2	48.9	4
188	51.31	+14.7	54.6	2—3
207	51.29	+16.0	48.4	2
323	51.37	+17.6	56.2	2
210	50.81	+17.9	57.8	2
195	51.85	+22.4	50.3	2—3

Ng

Z	− 31° 3'	T	Ba	Bi
		Ob. 0		
7	3.60	+ 9.6	61.3	3—2
14	4.28	+10.1	53.6	3
15	3.93	+10.7	53.2	3—2
29	3.85	+11.3	59.0	3
19	4.44	+13.3	52.6	3
23	4.66	+17.4	50.8	3
20	4.75	+18.6	48.5	3—2
26	4.45	+19.3	53.3	3
36	4.63	+19.3	55.0	3
28	4.18	+24.1	49.1	3—2
		Ob. I		
93	4.73	+ 4.6	47.3	3
173	4.93	+10.5	55.4	2—3
177	4.61	+11.6	57.0	2
170	4.72	+14.3	53.8	3
174	5.03	+18.1	52.9	3—2
		Ob. II		
255	4.94	+ 6.0	53.0	3—2
326	4.80	+ 7.7	50.8	2—3
256	5.51	+ 8.6	52.0	2—3
258	4.71	+ 9.3	58.1	2
189	4.36	+12.2	58.2	3
187	3.88	+12.4	53.4	2—3
327	4.08	+13.9	48.9	4
188	4.49	+14.7	54.6	3—2
207	4.97	+15.7	48.5	2—3
198	4.78	+16.5	45.0	3—2
331	4.08	+18.4	59.4	2
195	3.75	+21.8	50.3	2

F 637

Z	+ 66°44'	T	Ba	Bi
		Ob. 0		
29	39.88	+10.9	59.0	3

F 637

Z	z + 66°44'	T	Ba	Bi
		Ob. 0		
19	40.51	+13.2	52.6	3
35	40.76	+16.8	56.0	3—2
20	41.08	+18.3	48.4	3
36	39.55	+18.5	55.0	3
28	39.67	+23.6	49.1	3
		Ob. I		
173	40.17	+10.2	55.4	3—
177	41.60	+11.5	57.0	3
170	41.87	+14.2	53.8	4—3
174	42.01	+17.9	52.9	3
		Ob. II		
189	41.91	+12.2	58.2	4—3
327	40.80	+13.8	48.9	4
188	40.84	+14.9	54.7	3
198	40.07	+16.6	45.0	3
331	39.70	+18.2	59.4	2
195	40.56	+21.8	50.4	3

F 191 UC

Z	− 49°44'	T	Ba	Bi
		Ob. 0		
29	20.99	+10.7	59.0	2—3
30	21.30	+15.4	53.6	2—3
23	22.43	+17.4	50.8	3
		Ob. I		
173	21.91	+10.1	55.4	3—2
177	21.45	+11.4	57.0	3
170	22.69	+14.0	53.8	3
		Ob. II		
187	20.42	+12.1	53.5	2—3
189	21.22	+12.2	58.2	3
327	21.49	+14.1	48.9	4
188	21.37	+15.0	54.8	3
198	21.49	+16.6	45.0	3
331	20.54	+18.1	59.4	2

F 653

Z	− 1°14'	T	Ba	Bi
		Ob. 0		
29	41.76	+10.5	59.0	3—2
45	42.06	+13.8	44.6	2—3
30	40.15	+15.1	53.6	3—2
35	40.50	+16.2	56.0	3
31	39.98	+17.3	50.6	3
36	39.91	+18.4	55.0	3
27	41.94	+18.7	53.1	3
28	40.33	+23.1	49.0	3—2
		Ob. I		
173	41.42	+10.0	55.3	3
177	40.50	+11.2	57.0	2
170	41.29	+13.7	53.8	3

34

F 653

Z	z −1°14'	T	Ba	Bi
		Ob. II		
258	41.00	+ 5.°6	57.7	2
187	40.44	+ 11.9	53.5	3—2
188	40.69	+ 15.1	54.8	2—3
215	41.10	+ 16.1	52.4	2—3
328	40.78	+ 16.6	54.8	2—3
200	41.11	+ 16.7	53.8	2
220	40.86	+ 17.2	50.7	2
331	41.37	+ 17.8	59.4	2
195	41.05	+ 21.6	50.4	3—2

F 665

Z	z +46°30'	T	Ba	Bi
		Ob. 0		
29	50.11	+ 10.5	59.0	3—2
45	50.86	+ 12.6	44.7	2
19	50.25	+ 12.7	52.6	3
47	50.26	+ 13.9	52.0	2—3
30	50.35	+ 15.0	53.6	3—2
20	51.00	+ 17.8	48.3	3
36	50.20	+ 17.8	55.0	3
28	49.66	+ 23.1	49.0	3
		Ob. I		
173	51.33	+ 10.0	55.3	3
177	50.65	+ 11.1	57.0	2—3
174	50.83	+ 17.5	52.9	3
58	50.62	+ 21.0	52.0	2—3
		Ob. II		
258	51.02	+ 5.8	57.7	2
187	50.27	+ 11.5	53.6	3—2
207	51.37	+ 14.8	48.8	3
215	51.37	+ 15.6	52.3	3
328	50.89	+ 16.3	54.8	3—2
200	50.51	+ 16.3	53.9	3
205	50.78	+ 19.9	49.6	2—3
195	50.89	+ 21.5	50.3	2—3

F 676

Z	z −0°23'	T	Ba	Bi
		Ob. 0		
29	6.90	+ 10.4	59.0	3—2
45	7.32	+ 11.4	44.8	3—2
47	6.89	+ 13.3	52.2	2—3
30	8.23	+ 14.8	53.6	2—
31	7.38	+ 17.3	50.6	3—2
36	6.97	+ 17.9	55.0	3
		Ob. I		
99	8.88	− 10.7	54.5	3—4
94	8.97	+ 0.9	53.2	2
177	7.77	+ 11.0	56.9	2
62	7.99	+ 13.0	50.2	3—2
174	7.93	+ 17.4	52.9	2

F 676

Z	z −0°23'	T	Ba	Bi
		Ob. II		
260	7.81	− 2.°8	64.7	2
187	8.11	+ 11.1	53.7	3—2
207	7.86	+ 14.4	49.0	3
220	8.34	+ 16.4	50.8	2
331	7.33	+ 17.4	59.7	2
205	8.18	+ 19.3	49.6	2—3
195	7.34	+ 21.0	50.3	2

Nh

Z	−35°30'	T	Ba	Bi
		Ob. 0		
29	6.81	+ 10.3	59.0	2—3
19	7.22	+ 12.3	52.6	2—3
30	6.98	+ 14.8	53.6	2—3
31	6.61	+ 17.3	50.6	2—3
20	6.29	+ 17.4	48.3	3—2
27	7.53	+ 18.2	52.9	2
		Ob. I		
177	6.93	+ 11.0	56.9	2
174	7.73	+ 17.3	53.0	2—3
58	7.48	+ 20.4	52.0	3—2
		Ob. II		
187	7.92	+ 11.1	53.8	3—2
207	7.86	+ 14.4	49.0	3
215	7.56	+ 15.3	52.1	2
220	7.61	+ 16.3	50.9	2
328	7.66	+ 16.4	54.8	2—3
331	6.84	+ 17.2	59.7	2
205	6.97	+ 19.2	49.6	2
195	8.35	+ 20.7	50.2	3

F 681

Z	z +22°21'	T	Ba	Bi
		Ob. 0		
45	36.58	+ 11.3	44.8	3
19	36.27	+ 12.2	52.6	3
47	36.70	+ 12.9	52.2	2
30	36.22	+ 14.6	53.6	3—2
31	36.70	+ 17.3	50.5	3
28	36.52	+ 22.8	49.0	2—3
		Ob. I		
177	37.03	+ 11.0	56.9	2—3
174	36.92	+ 17.3	53.0	3
58	37.16	+ 19.8	52.0	3—2
		Ob. II		
196	36.68	+ 12.5	50.4	3—2
207	36.95	+ 14.2	49.0	3—
188	36.96	+ 15.0	55.0	2—3
215	37.28	+ 15.2	52.1	3
328	36.36	+ 15.8	54.9	2—3

F 682

Z	z +72°11'	T	Ba	Bi
		Ob. 0		
47	27.86	+ 12.°4	52.3	3—2
30	28.36	+ 14.6	53.6	3—2
28	29.53	+ 22.3	49.0	2—3
		Ob. I		
66	27.33	+ 10.1	55.8	3—
62	27.63	+ 12.2	50.1	4
		Ob. II		
187	27.21	+ 11.1	53.8	3—
196	27.26	+ 12.4	50.5	3
220	28.77	+ 16.2	50.9	3—
331	26.82	+ 17.1	59.8	2

F 234 UC

Z	−59°32'	T	Ba	Bi
		Ob. 0		
29	21.92	+ 10.1	59.0	2—3
27	21.57	+ 18.0	52.9	3—2
		Ob. I		
177	21.51	+ 11.0	56.9	2
174	21.61	+ 17.2	53.0	2
		Ob. II		
328	20.71	+ 15.5	54.9	2
200	20.83	+ 16.2	54.0	3—2
205	20.54	+ 19.1	49.6	3—4
195	19.95	+ 20.3	50.2	3

F 688

Z	+54° 1'	T	Ba	Bi
		Ob. 0		
29	50.27	+ 10.0	59.0	3
45	51.26	+ 11.0	44.8	2—3
30	50.57	+ 14.4	53.5	3
34	49.43	+ 17.3	54.5	3
27	49.59	+ 17.9	52.9	2—3
28	51.20	+ 21.9	48.9	3—2
		Ob. I		
236	51.61	+ 7.4	60.1	3
62	51.04	+ 11.8	50.1	3—
230	51.26	+ 13.8	65.7	2
174	52.00	+ 17.2	53.0	2—3
		Ob. II		
196	51.32	+ 12.3	50.5	3
207	51.88	+ 14.1	49.1	3—2
220	52.10	+ 15.8	50.9	3
200	51.69	+ 16.2	54.0	4
331	50.65	+ 17.0	59.8	2
205	50.87	+ 19.0	49.6	3
195	51.01	+ 20.0	50.2	3—2

F 695

Z	z − 21°35'	T	Ba	Bi
		Ob. 0		
53	20"25	+ 9.°6	52.3	3
29	19.90	+ 9.8	59.0	2—3
47	19.47	+11.9	52.4	3—2
30	20.17	+14.3	53.5	3
35	20.35	+14.9	56.1	3—2
28	20.40	+21.4	48.9	3—2
		Ob. I		
236	19.85	+ 7.1	60.1	3—2
239	20.61	+11.8	48.4	2
58	19.68	+18.4	52.1	2—3
		Ob. II		
196	20.47	+12.2	50.6	2—3
215	20.20	+14.8	52.0	3—2
331	20.36	+16.9	59.8	2
205	20.09	+18.9	49.6	2
195	19.88	+19.7	50.2	3

F 699

Z	+12°23'	T	Ba	Bi
		Ob. 0		
47	55.27	+11.6	52.7	3
30	54.98	+14.2	53.5	3
35	54.22	+14.7	56.2	3
33	55.66	+15.0	56.1	—
34	54.05	+16.9	54.5	3
27	55.46	+17.8	52.8	2—3
28	55.07	+20.7	48.9	3
		Ob. I		
99	54.22	−11.2	54.2	3
101	53.75	+ 2.5	48.6	3—
66	54.90	+ 9.1	55.4	2—3
230	55.59	+12.9	65.7	2
69	54.74	+13.5	58.9	3
		Ob. II		
261	55.07	0.0	62.7	2—3
266	55.58	+ 4.5	65.5	3
207	54.97	+14.1	49.2	2
215	55.21	+14.7	52.0	3
331	54.87	+16.8	59.8	3
205	54.95	+18.8	49.6	2—3
195	54.49	+19.4	50.1	3

F 703

Z	+30°38'	T	Ba	Bi
		Ob. 0		
53	16.00	+ 9.3	52.3	3—2
29	16.20	+ 9.7	59.0	2—3
30	17.32	+14.2	53.5	3
33	16.76	+14.8	56.1	2—3
34	16.68	+16.9	54.4	3
27	17.95	+17.8	52.7	2—3

F 703

Z	z +30°38'	T	Ba	Bi
		Ob. I		
236	17"35	+ 6.°6	60.1	2
239	17.14	+11.2	48.3	2
230	17.15	+12.3	65.8	2
		Ob. II		
196	16.90	+12.0	50.7	2—3
215	17.06	+14.5	51.9	3—2
205	16.57	+18.8	49.6	3

F 260 UC

Z	− 51°48'	T	Ba	Bi
		Ob. 0		
53	42.44	+ 9.1	52.3	3
30	42.85	+14.1	53.5	3
34	41.97	+16.8	54.4	3
27	42.43	+17.8	52.6	2—3
28	42.87	+19.9	48.9	3—2
		Ob. I		
236	42.78	+ 6.4	60.2	2
239	43.55	+11.2	48.3	2
70	43.15	+14.7	54.4	3—2
		Ob. II		
226	42.46	+ 9.4	57.6	3
196	42.72	+11.9	50.8	3—2
215	42.90	+14.4	51.8	2—3

F 706

Z	+77°30'	T	Ba	Bi
		Ob. 0		
29	8.53	+ 9.6	59.0	3—4
35	9.08	+14.2	56.3	3
38	8.56	+14.6	56.0	3—4
		Ob. I		
236	9.85	+ 6.2	60.2	3—4
		Ob. II		
226	7.84	+ 9.1	57.6	4
195	8.23	+19.2	50.0	3

F 717

Z	+56° 6'	T	Ba	Bi
		Ob. 0		
53	26.26	+ 8.9	52.3	3
29	26.82	+ 9.5	59.0	3
30	26.57	+14.0	53.5	3—2
33	25.51	+14.4	56.0	3
37	26.33	+17.1	49.4	3
		Ob. I		
236	28.22	+ 6.0	60.2	3
238	27.15	+10.5	51.8	2—3

F 717

Z	z +56° 6'	T	Ba	Bi
		Ob. I		
239	27"71	+10.°8	48.3	2—3
230	27.88	+11.1	65.8	3
		Ob. II		
215	27.54	+14.2	51.8	3—2
195	27.42	+19.1	50.0	3

Nd UC

Z	− 41°43'	T	Ba	Bi
		Ob. 0		
53	7.17	+ 8.7	52.3	3
29	7.42	+ 9.4	59.0	3—2
30	7.65	+13.9	53.5	3
35	7.54	+13.9	56.2	2—3
38	7.09	+14.3	56.0	3—2
37	7.13	+16.8	49.4	3
		Ob. I		
240	8.73	+10.3	43.9	2
239	8.24	+11.7	48.3	2
70	7.41	+14.0	54.1	2—3
		Ob. II		
226	7.05	+ 8.7	57.6	3—2
203	7.57	+12.8	51.5	3—2
220	7.25	+13.3	51.0	2—3
215	8.15	+14.0	51.8	2

F 723

Z	− 16°25'	T	Ba	Bi
		Ob. 0		
53	4.63	+ 8.6	52.3	3
35	4.68	+13.6	56.3	3—2
30	3.76	+13.8	53.5	3—2
		Ob. I		
103	4.56	− 1.0	57.8	3
236	5.18	+ 5.7	60.2	3
238	4.94	+ 9.9	51.8	2
240	4.78	+10.3	43.4	3—2
239	3.92	+10.5	48.3	3
69	5.63	+12.9	59.0	2—3
		Ob. II		
269	4.91	− 0.5	71.5	3—2
265	4.13	+ 3.1	66.9	3—2
226	3.55	+ 8.5	57.7	2—3
220	4.34	+13.4	51.1	2
195	3.83	+18.9	50.0	3

F 730

Z	+48° 8'	T	Ba	Bi
		Ob. 0		
35	49.23	+13.4	56.4	3—2
33	49.98	+14.1	56.0	3

F 730

Z	z	T	Ba	Bi
	+48° 8'			
		Ob. 0		
37	50"29	+16.°5	49.4	3
28	49.63	+19.3	48.8	3—2
		Ob. I		
236	50.59	+ 5.4	60.2	3
238	49.99	+ 9.8	51.8	2
230	50.17	+10.8	65.8	3
69	50.61	+12.6	59.1	3
		Ob. II		
220	52.04	+13.4	51.2	3
199	50.75	+15.9	51.0	3

F 733

Z	z	T	Ba	Bi
	− 0°27'			
		Ob. 0		
53	28.20	+ 8.1	52.4	3—2
30	28.24	+13.8	53.5	3—2
37	27.59	+16.3	49.3	3
		Ob. I		
240	27.84	+10.1	43.9	3
239	27.97	+10.4	48.3	3
		Ob. II		
226	28.15	+ 8.3	57.7	2
208	28.62	+ 8.5	53.6	2
215	28.55	+13.5	51.7	2—3

F 745

Z	z	T'	Ba	Bi
	+42°26'			
		Ob. 0		
53	31.96	+ 7.6	52.4	2—3
48	31.85	+ 8.2	59.8	3
33	31.78	+13.7	55.9	3
37	31.86	+15.9	49.3	3—
		Ob. I		
107	32.82	− 8.4	64.2	3
98	32.57	− 7.1	56.2	2—3
66	32.67	+ 7.7	55.5	3
238	32.15	+10.0	51.9	2—3
230	32.98	+10.9	65.8	3—2
69	32.39	+12.3	59.2	2—3
70	31.81	+13.5	53.7	3
		Ob. II		
269	33.46	+ 1.2	71.4	3
265	34.43	+ 3.4	66.9	3
263	34.59	+ 4.2	59.8	3
226	33.51	+ 8.0	57.8	2—3
208	32.39	+ 8.0	53.6	2—3
225	32.71	+11.8	58.2	2—3
220	33.38	+13.0	51.3	3—2
203	32.98	+13.0	51.4	3
202	33.40	+13.6	52.3	2
199	33.15	+15.8	51.1	3

F 300 UC

Z	z	T	Ba	Bi
	− 54°46'			
		Ob. 0		
53	2"74	+ 7.°2	52.4	2—3
48	1.19	+ 8.1	59.8	2—3
33	1.98	+13.5	55.9	2—
37	2.59	+15.6	49.3	3—2
		Ob. I		
233	3.07	+ 6.8	57.2	3—
240	3.15	+10.1	43.9	3
230	2.44	+10.9	65.8	3—2
69	2.64	+12.1	59.3	3
59	2.89	+18.3	47.3	3—2
		Ob. II		
226	1.69	+ 7.8	57.8	2—3
208	2.20	+ 8.1	53.6	3—2
225	2.46	+12.1	53.2	3
202	2.32	+12.4	52.4	2—3
220	2.03	+12.8	51.4	3—2
203	2.30	+13.0	51.4	3—2
199	3.24	+15.7	51.1	2

F 759

Z	z	T	Ba	Bi
	− 26°22'			
		Ob. 0		
53	28.12	+ 6.6	52.4	3
48	28.23	+ 7.6	59.7	3—2
33	28.66	+13.2	55.9	3—2
37	28.10	+15.1	49.3	3—2
		Ob. I		
233	28.66	+ 5.8	57.1	2—3
242	28.24	+ 6.5	53.9	2—3
66	28.11	+ 7.5	55.5	3—2
240	29.38	+ 9.9	44.1	3
230	27.66	+10.8	65.8	3—2
70	27.56	+13.2	53.5	2—3
		Ob. II		
226	28.06	+ 7.6	57.9	2
208	27.74	+ 8.0	53.6	2—
209	27.92	+11.4	57.1	2
202	27.80	+13.0	52.4	2—3
203	27.87	+13.1	51.4	2—3
199	28.53	+15.6	51.1	3—2

F 762

Z	z	T	Ba	Bi
	+66° 7'			
		Ob. 0		
48	50.57	+ 7.5	59.6	3—
33	50.66	+13.1	55.9	3—2
37	50.07	+14.9	49.3	3
		Ob. I		
236	51.24	+ 8.9	60.3	2—3
233	51.04	+ 5.6	57.0	2—3
242	51.11	+ 6.4	53.9	4

F 762

Z	z	T	Ba	Bi
	+66° 7'			
		Ob. I		
240	51"78	+ 9.°8	44.3	3—
59	50.56	+17.9	47.3	2—3
		Ob. II		
208	50.29	+ 7.8	53.6	3
209	51.29	+11.2	57.1	3
215	51.11	+13.0	51.5	3—

F 317 UC

Z	z	T	Ba	Bi
	− 67°55'			
		Ob. 0		
48	3.24	+ 7.3	59.6	3
40	0.84	+10.9	50.2	2—3
33	2.81	+13.1	55.9	3
		Ob. I		
236	3.92	+ 3.7	60.3	3—4
233	2.35	+ 5.4	57.0	3—4
86	4.13	+ 5.8	49.7	3—2
242	4.81	+ 6.3	54.0	3—4
240	2.60	+ 9.8	44.5	3
230	2.95	+10.8	65.9	3
69	2.66	+11.5	59.4	3—2
59	3.86	+17.7	47.3	2—3
		Ob. II		
208	2.67	+ 7.6	53.6	3
209	3.00	+11.0	57.2	3—2
202	2.67	+12.8	52.5	3
215	2.84	+13.0	51.5	3
203	2.72	+13.2	51.4	2

F 770

Z	z	T	Ba	Bi
	− 23°35'			
		Ob. 0		
40	9.73	+10.7	50.2	2
33	9.47	+13.0	55.9	2—
		Ob. I		
236	10.17	+ 3.4	60.3	2
233	10.01	+ 5.2	57.0	2
86	9.94	+ 5.8	49.7	2—3
66	9.54	+ 7.3	55.5	3
230	9.69	+10.7	65.9	2
70	10.08	+13.0	53.4	3
		Ob. II		
208	9.52	+ 7.5	53.6	2
225	9.84	+11.4	53.2	3
202	9.58	+12.5	52.4	2—3
203	10.03	+13.2	51.4	2

F 774

Z	z (+35°27')	T	Ba	Bi
		Ob. 0		
48	52".27	+ 7.°2	59.6	3
40	52.89	+10.7	50.2	2
		Ob. I		
236	53.13	+ 3.2	60.3	2—3
242	53.80	+ 6.1	54.1	3—2
231	54.09	+ 8.2	64.2	3
71	53.29	+ 8.4	48.6	3—2
240	53.69	+ 9.8	44.7	3
59	53.89	+17.7	47.3	3—2
		Ob. II		
208	53.65	+ 7.4	53.6	2
228	53.53	+ 8.7	62.7	3
209	53.85	+10.8	57.2	2—3
202	54.31	+12.4	52.5	2—3
216	53.36	+15.8	48.6	2—3

F 777

Z	z (+6°5')	T	Ba	Bi
		Ob. 0		
48	60.41	+ 7.1	59.5	3—2
44	59.58	+ 7.9	44.2	3
33	59.83	+12.9	55.8	3—2
		Ob. I		
107	60.80	— 8.0	63.6	2
104	60.74	— 4.5	56.2	3—2
110	60.62	— 1.5	62.8	3—2
111	60.86	+ 0.7	63.3	3—2
103	60.45	+ 0.8	57.7	2
112	60.40	+ 1.6	59.8	2
113	60.05	+ 2.4	56.8	3—2
69	60.31	+11.3	59.5	3—2
		Ob. II		
271	59.78	+ 0.5	65.8	3
269	60.11	+ 2.5	71.3	3
265	60.34	+ 3.6	66.9	3—2
254	60.19	+ 3.6	55.4	3
266	59.72	+ 6.5	65.0	3

F 335 UC

Z	z (—80°32')	T	Ba	Bi
		Ob. 0		
53	61.94	+ 6.3	52.4	4—5
48	63.75	+ 6.8	59.5	4
41	62.25	+ 7.4	53.6	4
44	61.01	+ 8.0	44.2	4
40	58.82	+10.4	50.3	2
37	57.70	+14.3	49.2	4
		Ob. I		
236	63.18	+ 2.7	60.4	4—5
233	62.04	+ 4.6	57.1	4

F 335 UC

Z	z (—80°32')	T	Ba	Bi
		Ob. I		
242	63".15	+ 5.°9	54.3	4
89	63.88	+ 6.3	46.3	4
66	62.26	+ 7.1	55.5	4
71	61.13	+ 7.6	48.7	4
59	61.84	+17.1	47.3	3
		Ob. II		
218	61.45	+ 6.3	59.2	4—3
208	61.95	+ 7.4	53.6	3
228	60.98	+ 8.8	62.7	4—5
209	62.36	+10.5	57.3	4—3
225	61.18	+11.3	53.2	4—5
202	62.36	+12.0	52.5	4
216	61.92	+16.2	48.6	4—5

F 803

Z	z (—11°9')	T	Ba	Bi
		Ob. 0		
53	21.35	+ 6.1	52.4	3
48	20.09	+ 6.1	59.3	3
41	19.93	+ 6.9	53.7	2—3
44	20.18	+ 8.1	44.4	3—2
40	20.21	+10.1	50.3	2
37	19.78	+14.3	49.1	3
		Ob. I		
107	20.18	— 7.6	63.1	3—2
110	20.17	— 1.1	62.9	3
126	20.61	— 1.1	63.0	3
111	20.67	+ 2.0	63.1	3—2
236	20.87	+ 2.2	60.4	3
112	20.91	+ 2.4	59.6	2—3
113	20.53	+ 3.0	55.8	2—3
89	20.31	+ 5.7	46.8	3
86	20.75	+ 5.7	49.7	3—2
71	20.84	+ 6.7	48.8	2—3
66	21.31	+ 7.0	55.5	3
231	20.10	+ 7.5	64.3	2—3
230	20.22	+10.0	65.9	3
59	19.68	+16.6	47.3	3—2
		Ob. II		
254	20.80	+ 2.3	55.3	2
218	20.24	+ 6.0	59.2	2
208	20.51	+ 7.3	53.7	2
209	20.10	+10.1	57.4	2—3
223	20.34	+11.2	56.9	3
280	20.32	+11.7	50.9	3
202	20.16	+11.8	52.5	2—3
221	20.53	+14.3	49.0	2—3
216	20.47	+16.8	48.5	3—2

Ne UC

Z	z (—47°13')	T	Ba	Bi
		Ob. 0		
48	40.19	+ 5.7	59.3	2

Ne UC

Z	z (—47°13')	T	Ba	Bi
		Ob. 0		
53	41".00	+ 5.°8	52.4	3—2
41	39.47	+ 6.7	53.7	3
44	40.59	+ 8.4	44.4	3
40	40.09	+ 9.9	50.4	2
37	40.62	+14.3	49.1	3
		Ob. I		
236	41.08	+ 1.8	60.4	3—2
233	41.62	+ 4.3	56.9	3
89	41.96	+ 5.6	46.9	3—2
71	40.83	+ 6.0	48.9	2—3
86	42.11	+ 6.0	49.7	3—2
231	42.01	+ 7.4	64.3	2
230	40.48	+ 9.9	65.9	3—
69	41.80	+10.7	59.6	3—2
59	41.01	+16.4	47.3	3
		Ob. II		
258	41.59	+ 1.0	58.4	2
254	41.74	+ 2.1	55.3	2
218	41.09	+ 5.9	59.1	2
208	40.49	+ 7.3	53.7	2
219	40.86	+ 9.3	52.4	2
209	41.09	+ 9.9	57.5	2
223	41.27	+11.5	56.9	3—
221	40.95	+13.9	49.0	2—3
216	40.29	+16.7	48.5	3—2

F 815

Z	z (+41°34')	T	Ba	Bi
		Ob. 0		
52	52.07	+ 2.6	53.7	2
48	51.33	+ 5.2	53.7	3—2
41	51.72	+ 6.6	53.7	3
44	50.57	+ 8.4	44.5	3—
40	51.60	+ 9.8	50.4	2—3
37	52.05	+14.1	49.1	3—2
		Ob. I		
107	51.54	— 7.6	62.8	3
243	52.20	— 1.0	60.5	2—3
112	52.11	+ 2.9	59.5	3—2
86	52.47	+ 6.0	49.7	3—2
66	51.69	+ 6.9	55.5	3—2
231	52.25	+ 7.3	64.3	3
230	52.43	+ 9.8	65.9	3
59	52.66	+16.1	47.3	2—3
		Ob. II		
254	52.40	+ 1.8	55.3	3—2
218	52.66	+ 5.8	59.1	3
208	51.68	+ 7.3	53.7	2—3
219	52.26	+ 9.1	52.3	2
209	52.74	+ 9.7	57.6	2
223	53.02	+11.9	56.8	3
221	52.89	+13.5	49.0	3—2
216	52.26	+16.7	48.5	3—2

F 819

Z	z +67°34'	T	Ba	Bi
		Ob. 0		
53	46.34	+ 5.°5	52.4	2—3
41	46.45	+ 6.5	53.7	3
50	46.64	+ 7.6	55.8	4
44	47.41	+ 8.5	44.5	3
40	45.24	+ 9.8	50.4	2—3
		Ob. I		
236	47.07	+ 1.2	60.4	3—
233	47.33	+ 4.2	56.9	3—2
89	47.79	+ 5.6	47.2	3
231	47.28	+ 7.2	64.3	3—4
230	47.28	+ 9.7	66.0	3—
69	46.66	+10.7	59.7	3
59	46.59	+16.0	47.3	3—
		Ob. II		
249	47.35	— 3.3	67.4	3—2
248	48.41	— 1.1	69.3	3—2
254	47.55	+ 1.6	55.3	4—3
218	47.45	+ 5.7	59.1	3
208	46.86	+ 7.3	53.7	3
209	47.48	+ 9.6	57.6	2
223	47.94	+12.3	56.8	3—
221	47.04	+13.2	48.9	3—4
216	47.65	+16.6	48.5	3

F 368 UC

Z	z — 69°29'	T	Ba	Bi
		Ob. 0		
52	43.30	+ 2.5	53.7	3—4
48	42.75	+ 5.2	59.2	3—
53	43.34	+ 5.4	52.4	3
41	43.39	+ 6.4	53.8	3
50	43.58	+ 7.6	55.8	3
40	43.50	+ 9.7	50.4	2
37	43.91	+14.0	49.0	3
		Ob. I		
243	44.04	— 1.1	60.5	3
233	44.62	+ 3.9	56.9	3
232	44.00	+ 4.0	63.4	2
71	44.41	+ 5.6	49.0	2—3
89	45.88	+ 5.6	47.3	4
231	44.02	+ 7.1	64.3	2
240	45.90	+ 9.1	45.6	3
230	43.58	+ 9.6	66.0	4
		Ob. II		
249	44.68	— 3.5	67.4	2
248	46.04	— 1.2	69.3	3—2
208	43.36	+ 7.3	53.7	3—
219	43.66	+ 9.0	52.3	3
209	43.88	+ 9.4	57.7	3—2
216	45.03	+16.5	48.5	3

F 827

Z	z +51°47'	T	Ba	Bi
		Ob. 0		
53	45.79	+ 5.°2	52.4	3—2
41	45.99	+ 6.3	53.8	3
50	46.33	+ 7.5	55.8	3
37	46.59	+13.8	49.0	3—2
		Ob. I		
233	47.68	+ 3.6	56.8	3—2
86	47.09	+ 6.1	49.8	3
71	46.62	+ 6.7	49.2	2—3
281	46.88	+ 7.0	64.3	2
237	45.93	+ 7.5	51.5	3—4
240	47.28	+ 9.0	45.6	3—2
		Ob. II		
248	46.60	— 1.3	69.3	2
254	47.08	+ 1.2	55.3	3
218	44.95	+ 5.6	59.1	2—3
208	46.52	+ 7.3	53.8	2
219	45.87	+ 8.8	52.3	2
223	46.94	+12.7	56.7	3
216	45.95	+16.4	48.5	3—2

F 831

Z	z +26° 7'	T	Ba	Bi
		Ob. 0		
52	59.19	+ 2.4	53.6	2—3
48	59.57	+ 4.9	59.1	3—2
53	59.38	+ 5.2	52.4	3—2
44	59.21	+ 8.5	44.6	3
		Ob. I		
92	59.75	— 9.0	52.2	3—2
249	60.81	— 3.7	67.3	2
243	60.28	— 1.8	60.5	3
89	61.16	+ 5.6	47.5	3
66	59.41	+ 6.8	55.5	3
231	60.58	+ 7.0	64.3	2
		Ob. II		
219	60.14	+ 8.7	52.3	2
209	59.99	+ 9.3	57.8	2—3
221	60.09	+12.9	48.9	2—3
216	59.68	+16.3	48.5	3

F 836

Z	z — 6°43'	T	Ba	Bi
		Ob. 0		
52	9.62	+ 2.4	53.6	3—2
48	9.88	+ 4.7	59.0	3—2
41	9.56	+ 6.1	53.8	2—3
50	9.75	+ 7.4	55.8	3
		Ob. I		
243	10.28	— 1.4	60.4	2—3
233	10.21	+ 3.4	56.8	2

F 836

Z	z — 6°43'	T	Ba	Bi
		Ob. I		
89	9.26	+ 5.°6	47.5	3
240	9.52	+ 8.8	45.8	3—2
		Ob. II		
249	10.13	— 4.0	67.3	2
248	10.05	— 1.4	69.3	2—3
218	9.36	+ 5.5	59.0	2
209	10.11	+ 9.2	57.8	2
288	9.99	+11.1	45.1	2—3
280	10.23	+12.3	50.8	3
279	10.42	+12.6	53.8	3—2
223	10.06	+12.7	56.7	3
221	9.85	+12.9	48.9	2

F 844

Z	z — 0°44'	T	Ba	Bi
		Ob. 0		
52	28.50	+ 2.3	53.6	2
48	29.06	+ 4.5	59.0	2—3
53	28.48	+ 4.8	52.4	3
41	27.76	+ 6.0	53.8	2—3
50	27.88	+ 7.4	55.8	3
44	28.64	+ 8.6	44.7	3
		Ob. I		
92	28.47	— 9.2	52.1	3
243	28.17	— 1.4	60.4	2
233	28.49	+ 3.1	56.7	2—3
71	28.80	+ 5.2	49.3	2—3
237	28.60	+ 7.3	51.3	3—2
240	28.01	+ 8.6	45.9	3—2
59	28.13	+15.2	47.3	2
		Ob. II		
249	28.70	— 4.0	67.3	2
248	28.47	— 1.5	69.3	2
218	28.05	+ 5.4	59.0	2—3
219	28.17	+ 8.5	52.2	2
209	28.25	+ 9.1	57.8	2—3
223	28.45	+12.6	56.8	2—3
221	28.66	+13.2	48.9	2
216	28.18	+16.3	48.5	3—2

F 395 UC

Z	z — 52°47'	T	Ba	Bi
		Ob. 0		
52	17.50	+ 2.3	53.5	2—3
48	15.86	+ 4.4	58.9	3—2
41	16.13	+ 5.8	53.9	2
50	16.34	+ 7.3	55.8	2—3
44	17.09	+ 8.8	44.7	3
		Ob. I		
92	16.95	— 9.4	51.0	3
243	16.63	— 1.5	60.4	2
232	16.57	+ 2.9	63.4	2

F 395 UC

Z	z −52°47′	T	Ba	Bi
		Ob. I		
233	16.88	+ 3.0	56.7	2
89	17.92	+ 5.6	48.3	3—2
86	17.33	+ 5.9	49.8	3—2
237	17.17	+ 7.2	51.3	3—4
240	17.46	+ 8.6	46.0	3
59	17.09	+15.0	47.3	3—2
		Ob. II		
249	16.88	— 4.0	67.2	3
248	17.18	— 1.6	69.3	2—3
254	16.51	+ 0.5	55.2	3
218	15.65	+ 5.4	59.0	2
224	16.24	+ 7.4	58.1	2
227	16.51	+ 7.6	59.4	2
219	16.64	+ 8.4	52.2	2
209	16.55	+ 9.1	57.9	3—2
223	17.29	+12.7	56.8	3—2
221	16.36	+13.4	48.9	3
216	16.60	+16.4	48.5	3

F 417 UC

Z	z −66°43′	T	Ba	Bi
		Ob. 0		
52	54.88	+ 2.1	53.4	3—2
41	53.69	+ 5.8	54.0	3—2
		Ob. I		
92	54.63	— 9.3	51.7	3
129	55.86	— 4.1	65.4	3—
243	54.20	— 1.9	60.3	3—2
232	54.27	+ 2.9	63.4	3
89	55.66	+ 5.3	49.0	4—3
86	57.77	+ 5.4	49.8	3
237	54.68	+ 6.9	51.2	4
240	55.32	+ 8.6	46.3	3
82	55.26	+ 8.7	57.5	4—3
		Ob. II		
218	53.75	+ 5.3	58.9	3
286	53.86	+ 5.6	47.7	3
287	53.86	+ 6.8	45.3	3
227	53.86	+ 6.9	59.4	2—3
224	54.16	+ 7.1	58.1	4
219	54.10	+ 8.2	52.1	3
223	55.61	+12.7	56.9	4
221	54.58	+13.2	48.9	3—

F 871

Z	z +36°18′	T	Ba	Bi
		Ob. 0		
40	35.13	+ 8.8	50.4	2—3
44	35.80	+ 9.6	44.9	3
17	36.39	+11.9	54.8	3
		Ob. I		
243	35.32	— 1.9	60.2	2—3
234	35.76	— 0.3	64.4	3—4
86	36.68	+ 5.2	49.8	3
237	36.56	+ 6.9	51.2	3—

F 871

Z	z +36°18′	T	Ba	Bi
		Ob. I		
76	37.70	+ 7.1	61.0	3
240	36.45	+ 8.6	46.3	2
		Ob. II		
218	36.86	+ 5.3	58.9	2—3
227	36.27	+ 6.8	59.5	2
224	36.08	+ 7.1	58.1	2
219	36.36	+ 8.1	52.1	2
223	36.05	+12.6	57.0	3—
221	36.31	+12.8	48.9	3—2

F 878

Z	z +48°14′	T	Ba	Bi
		Ob. 0		
54	20.56	+ 2.7	55.5	3—2
50	20.68	+ 7.1	55.8	3
40	19.51	+ 8.7	50.4	2
44	21.16	+ 9.8	44.9	2—3
		Ob. I		
92	20.86	— 9.8	51.4	3—2
71	20.39	+ 4.5	49.3	3
86	22.21	+ 5.1	49.8	3—2
237	21.18	+ 6.8	51.3	3
81	20.41	+ 7.6	50.8	3
82	21.30	+ 9.5	57.3	2—3
79	22.32	+12.4	44.4	3—2
		Ob. II		
249	21.90	— 4.4	67.2	2
261	21.18	— 2.3	62.0	2
218	21.93	+ 5.2	58.8	2—3
227	21.03	+ 6.7	59.5	2
224	21.75	+ 7.0	58.1	2
219	22.16	+ 8.1	52.1	2
221	21.01	+12.6	48.9	3—2

F 890

Z	z +5°3′	T	Ba	Bi
		Ob. 0		
54	36.17	+ 2.3	55.5	3—2
50	35.68	+ 6.3	55.8	2—3
40	36.09	+ 8.5	50.4	2
44	36.02	+ 9.9	44.9	3
		Ob. I		
92	35.93	— 10.0	51.6	2
234	36.06	— 0.3	64.5	3
128	36.12	+ 5.7	58.6	2
75	36.67	+ 5.8	52.4	2
237	35.86	+ 6.4	51.2	2
81	36.19	+ 7.4	51.5	2—3
82	36.47	+ 9.2	57.7	3—2
79	36.15	+12.3	44.4	3
		Ob. II		
251	35.67	— 5.3	64.4	2
249	35.80	— 4.5	67.2	2
218	36.49	+ 5.0	58.7	2—3

F 890

Z	z +5°3′	T	Ba	Bi
		Ob. II		
227	35.96	+ 6.4	59.5	2
224	36.18	+ 6.7	58.1	2
221	36.17	+12.5	48.8	2—3

F 893

Z	z −26°6′	T	Ba	Bi
		Ob. 0		
54	5.81	+ 2.2	55.5	3
		Ob. I		
92	6.88	— 10.0	51.1	2
129	6.99	— 2.9	65.2	3—2
133	6.18	— 2.1	52.9	3
125	6.72	+ 0.3	63.8	2—3
126	6.71	+ 1.0	63.2	3—4
135	6.91	+ 1.4	56.6	3
130	6.91	+ 1.6	57.1	3—2
89	6.94	+ 4.5	49.7	3—2
142	7.10	+ 5.5	54.4	2—3
75	7.18	+ 5.7	52.5	2
128	7.47	+ 5.9	58.5	2
76	6.74	+ 6.2	60.9	3—2
145	7.04	+ 8.8	52.7	3
136	6.43	+11.5	49.0	2—3
147	6.42	+13.4	46.1	3
		Ob. II		
251	7.11	— 5.3	64.4	2
249	6.48	— 4.5	67.2	2
261	7.17	— 2.5	61.9	2
253	7.06	+ 3.5	57.1	3—2
218	6.22	+ 5.0	58.7	2—3
227	6.25	+ 6.3	59.6	2
224	6.34	+ 6.6	58.1	2

F 447 UC

Z	z −74°46′	T	Ba	Bi
		Ob. 0		
54	33.08	+ 2.1	55.5	3—2
50	33.81	+ 5.9	55.8	3—
40	32.94	+ 8.4	50.4	2
44	34.72	+ 9.9	44.9	4
		Ob. I		
243	34.13	— 2.2	60.0	3
234	34.04	— 0.3	64.5	4
71	33.47	+ 4.2	49.2	4
75	35.42	+ 5.6	52.5	4—3
237	34.52	+ 6.0	51.2	4
81	34.33	+ 7.0	50.6	4
79	34.22	+12.3	44.1	4
		Ob. II		
251	34.44	— 5.4	64.3	3
249	34.95	— 4.5	67.2	3
261	34.64	— 2.6	61.9	2—3
253	34.25	+ 3.3	57.0	4
227	33.71	+ 6.1	59.6	3—4
224	34.85	+ 6.5	58.1	4

§ 5. Bestimmung des Ausdehnungs-Koeffizienten der Luft.

Zur Untersuchung der Frage nach der überhaupt vorhandenen Möglichkeit einer Verbesserung des bisher bekannten Ausdehnungs-Koeffizienten m der Luft werde gesetzt: $m = m_0 \left(1 + \dfrac{i}{100}\right)$, wo $m_0 = 0{,}003668$ der zurzeit wahrscheinlichste Wert des Ausdehnungskoeffizienten. Dann ist für die beiden Temperaturen t_1 und t_0 die durch m und $t_1 - t_0$ bedingte Differenz der Zenithdistanzen, wo noch R die Refraktion fixiert: $z_1 - z_1 = \dfrac{m_0 \cdot R \cdot i}{100} \cdot (t_1 - t_0)$. Ist im Extrem $t_1 - t_0 = 40°$, wie es bei meinen Beobachtungen vielfach vorkommt, zumal der Winter 1923/24 äußerst kalt und bis $-20°$ beobachtet wurde und der darauffolgende Sommer äußerst warm war (bis $+32°$ Beob.), setzt man ferner $z = 80°$, um die Maximalwirkung zu erhalten, ferner in hier genügender Näherung $R = 60'' \cdot tg\,z$ und schließlich die Korrektion von m: $\Delta m = \dfrac{m_0 \cdot i}{100} = \pm \dfrac{20}{10^6}$, was in Anbetracht der Genauigkeit von m_0 eine sehr weitgehende Hypothese fixiert, so wird: $z_1 - z_0 = 0{\rlap{.}{''}}29$, d. h. man erhält einen Betrag, der in Anbetracht der Ungenauigkeit der Beobachtung (siehe weiter unten: mittlerer Fehler einer Beobachtung: $\varepsilon = \pm 0{\rlap{.}{''}}70$ bei $z = 80°$) nicht merklich wird, wenn man auch im Mittel von vier Beobachtungen einen Fehler von $\pm 0{\rlap{.}{''}}35$ des Mittels erhält. Man erhält ferner

$$
\begin{array}{ll}
\text{bei } z = 30°: & z_1 - z_0 = \pm 0{\rlap{.}{''}}03 \\
\phantom{\text{bei } z = }45 & = \pm 0{,}05 \\
\phantom{\text{bei } z = }60 & = \pm 0{,}08
\end{array}\Bigg\}
$$

sodaß hier keine rechte Aussicht auf die Erlangung einer astronomischen Verbesserung von m_0 besteht; die physikalische Ableitung von m bleibt unerreichbar durch astronomische Bestimmungen. Trotzdem soll aber der Versuch einer Bestimmung gemacht werden, vor allem um festzustellen, ob in den nach $t_1 - t_0$ angeordneten Differenzen $z_1 - z_0$ systematische Fehler vorhanden sind, die im Interesse der weiteren Bearbeitung der Beobachtungen einer Untersuchung bedürfen. Dabei sollen zunächst nur die Beobachtungen von $z = 45°$ ab und mehr herangezogen werden und auch nur die den Temperaturextremen entsprechenden Werte Berücksichtigung finden, wobei $10°$ als untere Grenze der Temperatur-Differenz fixiert wurde, während die größte $45°$ beträgt, was aber gegen die physikalischen variierbaren Bedingungen immer noch wenig bedeutet. Die Zusammenfassung erfolgte entsprechend den Gewichten der Einzelbeobachtungen. Haben die beiden Mittelwerte, den zwei Temperaturextremen entsprechend, die Gewichte p' und p'', so ist der mittlere Fehler der Differenz $z_2 - z_1 : \varepsilon\,(z_2 - z_1) =$ $\varepsilon \sqrt{\dfrac{1}{p'} + \dfrac{1}{p''}}$, sodaß das relative Gewicht $p\,(z_2 - z_1) = \left(\dfrac{\varepsilon_0}{\varepsilon}\right)^2 \dfrac{p'p''}{p' + p''}$, indem dem mittleren Fehler $\varepsilon_0 = \pm 0{\rlap{.}{''}}45$ das relative Gewicht 1 entsprechen möge, wo ε_0 (siehe weiter unten) bis $z = \pm 65°$ gilt, sodaß $p\,(z_2 - z_1)$ alsdann immer nahe $\dfrac{p'p''}{p' + p''}$ wird. Entsprechend den mittleren Fehlern ε (siehe weiter unten) wird also bis $z = \pm 65°$: $p\,(z_2 - z_1) =$ $\dfrac{p'p''}{p' + p''} = P'$ resp. P'', je nach der Objektivlage, deren Beobachtungen immer getrennt für sich behandelt wurden.

Ferner bei

$$z = -65^0 \text{ bis } -75^0 : p = \frac{p'p''}{p'+p''} = P'\,(P'')$$

$$z = +65^0 \text{ „ } +75^0, \text{ wo } \varepsilon = \pm 0\overset{.}{.}53 : p = 0.72 \cdot \frac{p'p''}{p'+p''} = P'\,(P'')$$

$$z = \pm 75^0 \text{ „ } \pm 85^0, \text{ wo } = \pm 0\overset{.}{.}70 : p = 0.41 \cdot \frac{p'p''}{p'+p''} = P'\,(P'').$$

Waren Werte für $z_2 = z_1$ in beiden Objektivlagen vorhanden, so wurden dieselben entsprechend dem Mittel der Temperatur-Differenzen gemittelt. Das Gewicht P des Mittels ist dann, da ε (Mittel) $= \frac{\varepsilon_0}{2}\sqrt{\frac{1}{P'}+\frac{1}{P''}}$, $P = \frac{4\,P'P''}{P'+P''}$. Es ergaben sich dann für 39 Sterne, die der Bedingung genügen, daß $|t_2 - t_1| > 10^0\,$C., die in der folgenden Tabelle nach dem Betrage der absoluten Zenithdistanzen der Sterne zusammengestellten Abweichungen der Polhöhenschwankungen, nachdem die z wegen des Temperaturfehlers, der Polhöhenschwankungen und der systematischen Korrektion verbessert waren:

Lfd. Nr.	Stern (N. F. K.)	Kulm.	z (genähert)	$t_2 - t_1$	$z_2 - z_1$	P
1	N_h	U	-42^0 16.5	15.6	-0.06	1.7
2	285	O	$+42$ 40.2	12.0	-0.18	1.3
3	745	O	$+42$ 46.5	15.9	-0.68	2.5
4	N_a	U	-43 1.9	24.4	$+0.12$	4.6
5	224	O	$+43$ 43.0	13.8	$+0.02$	1.8
6	427	O	$+44$ 40.2	10.5	$+0.24$	1.7
7	201	O	$+44$ 49.7	16.0	$+0.55$	1.7
8	291	O	$+45$ 41.6	27.8	$+0.20$	3.0
9	665	O	$+46$ 30.8	12.1	-0.17	1.2
10	107	O	$+47$ 18.9	10.6	$+0.14$	1.5
11	878	O	$+48$ 14.3	13.7	$+0.39$	2.5
12	347	O	$+48$ 28.8	15.0	-0.21	3.1
13	759	U	-51 24.1	15.0	$+0.22$	1.8
14	893	U	-51 40.5	16.2	-0.12	2.5
15	827	O	$+51$ 47.7	14.6	-0.03	1.2
16	395	U	-52 47.3	14.4	$+0.22$	3.2
17	770	U	-54 11.4	11.3	$+0.25$	1.7
18	550	U	-54 25.6	27.6	$+0.18$	3.7
19	695	U	-56 11.2	12.7	-0.09	2.3
20	188	O	$+56$ 17.6	12.8	-0.16	1.2
21	472	U	-58 41.2	11.6	-0.18	1.8
22	354	O	$+59$ 26.7	17.8	-0.18	2.0
23	564	O	$+60$ 13.1	11.4	$+0.08$	1.2
24	220	O	$+60$ 48.4	11.8	-0.20	1.2
25	127	O	$+60$ 49.4	10.9	-0.12	1.5
26	803	U	-66 37.2	19.1	-0.17	3.2
27	417	U	-66 43.9	13.2	-0.05	1.2
28	819	O	$+67$ 34.8	13.6	-0.32	1.5
29	257	O	$+67$ 43.4	29.3	-0.56	1.2
30	317	U	-67 55.0	10.0	$+0.26$	0.5
31	48	O	-69 2.5	12.4	-0.22	2.2
32	368	U	-69 29.7	14.0	-0.85	1.5
33	22	O	$+69$ 30.6	10.6	$+0.36$	1.2
34	571	U	-69 39.6	11.9	$+0.79$	0.8
35	836	U	-71 8.4	13.8	-0.40	1.8
36	488	U	-72 31.3	13.5	$+0.09$	1.5
37	21	U	-72 45.7	10.0	-0.67	0.9
38	447	U	-74 46.6	11.1	-0.35	1.3
39	653	U	-76 31.9	10.2	$+0.88$	0.5

Die Zusammenfassung ergibt dann

Z. D.	$z_2 - z_1$	P	$t_2 - t_1$
45.0	$+$ 0.03	26.6	$+$ 15.6
55.2	$+$ 4	21.4	15.4
64.8	$-$ 17	11.5	14.7
72.0	$-$ 16	11.7	12.1

Die Differenzen $z_2 - z_1$, die von gleichem Vorzeichen sein müßten, zeigen einmal verschiedene Zeichen und auch kein Anwachsen mit der Zenithdistanz, wie es bei nahe gleichem $t_2 - t_1$, wie oben, der Fall sein müßte. Eine Ausgleichung ist also zwecklos, die Beobachtungen bieten keine Aussicht auf eine etwaige Verbesserung des bekannten Ausdehnungs-Koeffizienten m_o, dem die Beobachtungen ganz genügen.

§ 6. Polhöhe und Refraktionskonstante.

Werden die Zenithdistanzen nördlich vom Zenith positiv, südlich aber negativ gezählt, so ist: $\left. \begin{array}{l} O.\ \text{Kulmination:}\ \varphi + z_o = \delta \\ U.\ \text{Kulmination:}\ \varphi + z_u = 180 - \delta \end{array} \right\}$, wo z_o und z_u die wahren Zenithdistanzen in $O.$ resp. $U.$ Kulmination, sodaß $\left. \begin{array}{l} z_o = z_o' \pm (R_o + \varDelta R_o) \\ z_u = z_u' + (R_u + \varDelta R_u) \end{array} \right\} \begin{array}{l} \text{nördl.} \\ \text{südl.} \end{array} \text{vom Zenith,}$ wo z' die scheinbare Zenithdistanz und $\varDelta R_o$ und $\varDelta R_u$ die Verbesserungen der Refraktionen bedeuten. Ist dann noch $\varDelta \varphi$ die Korrektion der angenommenen Polhöhe φ_o, sodaß $\varphi = \varphi_o + \varDelta \varphi$, ferner $R = a_o (1 + k) f(z)$ mit a_o als Refraktionskonstante und ak als ihrer Korrektion, sodaß $\varDelta R = a_o k f(z) = k R_o$ mit R_o als Refraktion für $k = o$, so folgt als bekannte Bedingungsgleichung: $A)\ -2 \varDelta \varphi - 100 k R_1 = \delta_o - \delta_u,$ wo

$\left. \begin{array}{l} \delta_o = \varphi_o + z_o' \pm R_o \\ \delta_u = -\varphi_o - z_u' + 180 - R_u, \end{array} \right. \begin{array}{l} \text{nördl.} \\ \text{südl.} \end{array} \text{vom Zenith}$ und $R_1 = \dfrac{R_u (1 + y_o) \pm R_o (1 + y_o)}{100} \begin{array}{l} \text{nördl.} \\ \text{südl.} \end{array} \text{vom Zenith}$

mit y_u und y_o als den E. v. Oppolzerschen Korrektionsgliedern. Die Berechnung des Gewichtes jeder Gleichung erfolgte auf Grund der Berechnung der mittleren Fehler:

$$\varepsilon(\delta_o - \delta_u) = \varepsilon(z_o + z_u) = \sqrt{\frac{\varepsilon_o^2}{p_o} + \frac{\varepsilon_u^2}{p_u}} = \sqrt{\frac{1}{p_o'} + \frac{1}{p_u'}}, \text{indem } \frac{\varepsilon_o^2}{p_o} = \frac{1}{p_o'}, \text{und } \frac{\varepsilon_u^2}{p_u} = \frac{1}{p_u'}, \text{sodaß}$$

also das Gewicht von $(\delta_o - \delta_u)$: $P(\delta_o - \delta_u) = \dfrac{p_o' p_u'}{p_o' + p_u'}$, indem einem mittleren Fehler $\varepsilon(\delta_o - \delta_u) = \pm 1''$ das Gewicht 1 entspricht. Um aber zu hohe Zahlen für P zu vermeiden, soll $\frac{1}{10} P$ als neues Gewicht P' eingeführt werden, sodaß alsdann $\varepsilon(\delta_o - \delta_u) = \dfrac{\pm 0.316}{\sqrt{P'}}$ und also dem mittleren Fehler ± 0.316 von $\delta_o - \delta_u$ das Gewicht $P' = 1$ entspricht. Diese relativen Gewichte sind in die folgende Tabelle der für die Polhöhen- und Refraktionsbestimmung in Frage kommenden Sterne aufgenommen worden. Dabei wurden ε_o, p_o, ε_u und p_u jedem Stern einzeln entnommen, indem diese Werte für jeden Stern gesondert berechnet werden, unter Zugrundelegung der Beobachtungsdaten, wie sie in der Zusammenstellung des Beobachtungsmaterials S. 20 enthalten sind. Die folgende Tabelle enthält die Grundlagen der für jeden Stern gültigen Gleichung A (S. 43). Von diesen in oberer und unterer Kulmination beobachteten Sternen wurden die beiden Sterne 676 und 733 ausgeschlossen, weil P zu klein und deshalb $\delta_o - \delta_u$ zu unsicher waren.

Lfd. Nr.	Nr. im N. F. K.	z_o	z_u	$\delta_o - \delta_u$	P'	R_1	$\delta_o - \delta_u$ $(B - R)$
1	335	− 2°46'	+80°33'	− 0"20	1.5	3.23	− 0"32
2	120	− 1 31	79 18	− 34	1.8	2.86	− 43
3	509	− 1 26	79 12	+ 26	1.0	3.02	+ 16
4	57	− 0 48	78 35	− 33	1.3	2.69	− 40
5	844	+ 0 44	77 2	− 38	1.4	2.49	− 43
6	531	1 5	76 41	+ 88	1.0	2.47	+ 83
7	653	1 15	76 32	+ 38	1.5	2.50	+ 33
8	447	3 0	74 47	− 04	2.8	2.17	− 06
9	21	5 1	72 46	+ 60	2.9	1.87	+ 60
10	483	5 15	72 31	+ 56	3.2	1.92	+ 56
11	836	6 43	71 3	− 12	3.2	1.74	− 10
12	571	8 7	69 40	+ 70	2.8	1.71	+ 72
13	368	8 17	69 30	+ 20	4.4	1.64	+ 22
14	48	8 44	69 2	− 06	3.4	1.55	− 03
15	317	9 52	67 55	− 04	3.2	1.50	00
16	417	11 3	66 44	− 50	3.9	1.46	− 45
17	803	11 9	66 37	− 25	4.9	1.44	− 21
18	521	13 37	64 9	+ 68	2.0	1.37	+ 73
19	723	16 25	61 22	+ 43	2.0	1.24	+ 49
20	234	18 14	59 32	− 30	2.1	1.15	− 23
21	472	19 5	58 41	− 37	4.0	1.18	− 30
22	188	20 0	57 47	− 02	3.2	1.12	+ 05
23	70	20 57	56 50	− 94	2.8	1.09	− 87
24	695	21 35	56 11	− 02	3.0	1.12	+ 05
25	300	23 0	54 46	− 40	3.4	1.06	− 32
26	550	23 21	54 26	+ 27	5.0	1.06	+ 35
27	770	23 35	54 11	− 15	3.6	1.07	− 07
28	395	24 59	52 47	− 59	6.2	1.04	− 51
29	260	25 58	51 49	+ 08	2.3	1.01	+ 16
30	893	26 6	51 40	+ 14	5.4	1.01	+ 22
31	759	26 22	51 24	+ 42	3.8	1.03	+ 50
32	590	26 55	50 52	− 58	3.2	1.03	− 50
33	191	28 2	49 44	− 50	2.5	0.99	− 42
34	41	28 10	49 37	− 50	2.7	0.99	− 42
35	Ne	30 33	47 14	− 40	3.8	0.97	− 32
36	Ng	31 3	46 44	− 52	3.6	0.99	− 44
37	Na	34 45	43 2	+ 25	5.1	0.94	+ 34
38	Nh	35 30	42 16	− 13	2.7	0.95	− 04
39	Nd	36 4	41 43	+ 46	2.9	0.94	+ 55

Die Beträge $\delta_o - \delta_u$ sind der späteren Tabelle S. 58—60 entnommen, wobei zu berücksichtigen ist, daß die Differenz $\delta_o - \delta_u$ nicht immer strenge mit der aus den dortigen Werten abgeleiteten Differenz übereinstimmt, weil die δ_o und d_u auch mit Rücksicht auf die ohne Mikrometer beobachteten Messungen gebildet werden, während diese Messungen für obige Zwecke nicht mit herangezogen wurden.

Als Näherungswerte lagen zugrunde: $\varphi_o = 51° 6' 43"32$, ein Mittelwert, der ohne Annahme einer Verbesserung der Refraktionskonstanten aus allen in oberer und unterer Kulmination erlangten Beobachtungen in erster Näherung erhalten worden war; die angenommene Refraktionskonstante ist $a_o = 60"15$, wie sie von de Ball als wahrscheinlichster Wert aus den früheren Reihen abgeleitet worden war. Die Ausgleichung der der Tabelle entsprechenden

39 Gleichungen führt dann zu den folgenden Werten der Unbekannten nebst ihren mittleren Fehlern:

$$x = -2\,\Delta\varphi = -0\overset{.}{''}173 \pm 0\overset{.}{''}141 \ (\pm 0.147)$$
$$y = -100\,k = +0\overset{.}{''}091 \pm 0\overset{.}{''}121 \ (\pm 0\overset{.}{''}125),$$

wo sich die Klammerwerte auf die Berechnung ohne Rücksicht auf Temperaturfehler beziehen.

Also sind die definitiven Werte der Polhöhe und Refraktionskonstante:

$$\varphi = 51°\ 6'\ 42\overset{.}{''}406 \pm 0\overset{.}{''}070$$
$$a = 60\overset{.}{''}096 \pm 0\overset{.}{''}073.$$

An dieser Stelle ist nunmehr zu erwähnen, daß bei der Reduktion meiner Beobachtungen kein direkter Gebrauch von Harzers neuesten Refraktionstafeln (Gebrauchstabellen etc.) gemacht wurde, weil die Annahmen über die tägliche und jährliche Änderung der Refraktion meiner Auffassung nach noch weitere Kontrollen der ärologischen Forschung bedürfen. Ich habe aber unter Zugrundelegung der analogen Tafeln von Dneprovsky in seiner Arbeit: Note on Prof. Harzers „Refraction Tables" and their comparison with those of Poulkovo and de Ball; für sämtliche Breslauer Zenithdistanzen ist die entsprechende Korrektion ΔR der Refraktion berechnet und in dem weiter unten folgenden Kataloge der Deklinationen in der Kolone H die der Deklination entsprechende Verbesserung wegen täglicher und jährlicher Änderung der Strahlenbrechung für jeden Stern tabuliert. Da die Deklinationen auf den Zenithdistanzen in Verbindung mit der Polhöhe beruhen und diese letztere aus den Beobachtungen in O. K. und U. K. abgeleitet ist, so bedarf auch noch die Polhöhe einer Harzerschen Korrektion, deren Ableitung auf Grund der entsprechenden Beobachtungen auf S. 43 den Betrag $\Delta\varphi = +0\overset{.}{''}062$ ergab, sodaß die gesamte Verbesserung H der Deklinationen, je nach der Lage des Sterns:

$$
\begin{aligned}
H &= \quad\ \Delta\varphi - \Delta R \ \text{ für Südsterne} \\
&= \quad\ \Delta\varphi + \Delta R \ \text{ „ Nordsterne} \\
&= -\Delta\varphi - \Delta R \ \text{ „ untere Kulmination.}
\end{aligned}
$$

Diese Gesamtkorrektion H ist in dem Kataloge der Deklinationen tabuliert worden.

§ 7. Systematische Fehler der einzelnen Beobachtungszonen.

Bei der Betrachtung der Abweichungen der Einzelzenithdistanzen jeder Zone von dem Mittelwert aller Messungen eines Sterns war mir, wie schon erwähnt, aufgefallen, daß verschiedene Sterne derselben Zone die gleiche Abweichung von ihrem Mittelwert zeigten und offenbar unabhängig von der Zenithdistanz. Derartige Fehler systematischer Natur können durch anomale Störungen der Strahlenbrechung, eine Zenithverschiebung, zufällige Saalrefraktions-Störungen, ferner durch temporäre physiologische Auffassungsänderungen in der Einstellung der Sterne etc. hervorgerufen sein. Zur Feststellung solcher eventueller Anomalien wurde eine zonenweise Tabulierung der Abweichungen der Zenithdistanzen jedes Sterns vom Mittelwert bei Anordnung nach der Zenithdistanz vorgenommen, um den eventuellen Gang mit der Zenithdistanz erkennen zu können. Der Sicherheit der Ableitung halber fand aber eine Beschränkung auf die Zonen statt, die mehr als 5 Sterne pro Tag enthalten und bei denen eine einigermaßen gleichmäßige Verteilung über alle Zenithdistanzen vorliegt. Die folgende Tabelle enthält zunächst die Mittelwerte der Abweichungen jeder Zone, getrennt nach Tag- und Nachtbeobachtungen nebst dem mittleren Fehler und der Zahl der Sterne jeder Zone.

Zone	Korrektion	m. F.	Sternzahl	Zone	Korrektion	m. F.	Sternzahl
59	− 0."19	± 0."14	11	192	− 0."03 t	± 0."11	6
70	− 41	20	5	195	− 19	11	14
71	− 38	18	9	198	+ 20 t	10	9
75	+ 47	14	6	202	+ 1	11	8
79	+ 45	19	7	203	− 7	10	6
82	+ 21	18	11	205	− 14	11	7
85	+ 28	10	7	207	+ 19	15	5
86	+ 43	10	10	208	− 34	11	15
87	− 21	32	7	215	+ 10 n	5	9
89	+ 56	22	10		+ 40 t	13	9
92	− 18	9	7	218	− 28	14	14
94	+ 10	16	6	223	+ 39	16	10
96	− 62	31	7	226	− 19	11	8
98	+ 16	15	13	227	− 32	11	8
100	+ 15	21	10	230	− 20	13	13
102	+ 04	11	13	231	+ 5	12	8
104	− 15	12	9	233	+ 9	26	13
110	− 20	12	8	234	− 22	13	10
114	+ 17	21	10	236	+ 13	13	9
115	+ 13	8	12	240	+ 25	5	13
116	− 23	6	10	243	− 22	11	13
117	+ 23 n	28	3	245	− 15	8	11
	+ 18 t	24	5	248	+ 62	23	6
120	− 19	8	7	250	+ 31	19	8
130	− 41	7	7	253	+ 20	16	9
131	+ 21	15	11	254	+ 31	12	7
133	+ 37	6	6	257	+ 25	14	11
138	+ 26	11	9	259	− 4	15	8
140	− 20	11	11	260	− 11	9	13
146	− 16	9	13	263	− 17	16	10
148	+ 28	13	12	265	− 2	21	6
149	− 11	9	9	268	+ 5	9	16
152	+ 5 n	10	14	270	+ 7	15	13
	+ 29 t	10	5	276	+ 19	13	16
154	− 6	15	11	285	− 28	9	12
156	− 39	14	12	288	− 9	8	14
163	+ 6 n	10	14	291	+ 41	9	8
	+ 2 t	12	5	295	− 2	9	11
166	+ 20	12	14	300	+ 3	13	7
167	− 22	3	16	302	− 8	5	12
170	+ 19	14	13	308	− 3	14	9
174	+ 19	10	9	317	− 21	13	14
177	− 12	7	16	321	− 12	10	14
183	− 16 t	20	9	326	+ 33	19	9
187	− 29	17	7	331	− 31	12	9
192	+ 1 n	28	2				

Aus dieser Tabelle folgt, daß der Höchstfehler einer systematischen Korrektion ± 0."32 beträgt, im übrigen ist der Fehler aber bedeutend kleiner, wie aus der folgenden Zusammenstellung folgt, in der die Anzahl der Fehler, die dem Vorkommen eines bestimmten Fehlers entspricht, angegeben ist:

Fehlergrenzen			Häufigkeit
0	bis ±	0″05	4
± 0.05	„	10	24
10	„	15	42
15	„	20	11
20	„	25	6
25	„	30	2
	über	30	2

Die Höchstzahl der Fehler gruppiert sich also um den Fehler ± 0″10 bis 0″15 und zwar in 42 Fällen, d. h. in 46% aller Fälle überhaupt; ferner liegen in 77 Fällen, also in 84% aller Fälle, die Fehler zwischen ± 0″05 bis ± 0″20, d. h. die Fehler liegen in jedem Falle in mäßigen Grenzen. In 25 Fällen, also in 28% aller Fälle zeigt sich, daß der mittlere Fehler größer als der systematische Fehler selbst ist, was aber bei der zu erwartenden Unsicherheit kein sonderlich überraschendes Ergebnis ist. Die Korrektionen selbst sind zwischen — 0″62 und + 0″62 (Zone 96 und Zone 248) gelegen, können also Beträge erreichen, die nicht klein sind, die aber, wie die Tabelle zeigt, gerade bei den großen Werten kleine Fehler aufweisen und also gut gesichert sind. Deshalb sind die Zonenkorrektionen der obigen 91 Zonen (27% aller Zonen) an die Beobachtungen angebracht worden. Eine Abhängigkeit von der Zenithdistanz war an den einzelnen Tagen nirgends deutlich zu erkennen, sodaß auf die entsprechende Tabulierung verzichtet werden kann. Die Anzahl der Zonen mit Korrektionen für die Tagesbeobachtungen war, wie die obige Tabelle zeigt, 7, also gering; nur bei der Zone 215 war die Korrektion ± 0″40 (9 Sterne) groß.

Ein Gang mit der Zenithdistanz war nirgends deutlich ausgeprägt, sodaß eine Erklärung durch anomale Refraktionen nirgends möglich erscheint. Ich wäre am ehesten geneigt, einen für eine ganze Zone konstanten Fehler in der Zenithdistanz auf physiologische Ursachen zurückzuführen, besonders, wenn es sich wie hier, um sehr ausgedehnte, den Beobachter jahrelang belastende Anstrengungen handelt, besonders in Bezug auf das Auge. Ich bedauere sehr, daß ich auf die Benutzung des Reversionsprisma verzichtet habe, nachdem ich bei den ersten Beobachtungen eine starke Verschlechterung der Bildbeschaffenheit bemerkt hatte. Deshalb habe ich den Verlauf des systematischen persönlichen Fehlers, soweit er mit dem Reversionsprisma untersucht werden kann, leider nicht unter Kontrolle halten können, wovon möglicherweise eine Aufklärung der zonenweise konstanten Korrektionen hätte erwartet werden können.

§ 8. Systematische Abweichungen der Sternörter in Abhängigkeit von der Sonnenentfernung (Kosmische Strahlenbrechung etc.).

Diejenigen Sterne, die in der Nähe der Sonnenbahn gelegen sind, wurden in Bezug auf ihre Einzelzenithdistanzen nach der Rektascension der Sonne, die der einzelnen Beobachtung entsprach, angeordnet. Die Abweichungen der Einzelwerte vom Mittel zeigten aber keinerlei systematischen Charakter, ganz und gar nicht im Sinne einer sogenannten kosmischen Refraktion. Allgemein kann hieraus auch geschlossen werden, daß sich keine merklichen Temperaturfehler zur Zeit der um die Mittagszeit stattfindenden Beobachtungen in die Zenithdistanzen eingeschlichen haben.

Alle Ekliptikalsterne wurden, soweit es nur möglich war, wie aus der Zusammenstellung der Einzelbeobachtungen hervorgeht, bis zur Zeit der Konjunktion mit der Sonne beobachtet; die Annäherung konnte aber nie soweit beobachtet werden, daß der relativistische Einsteineffekt merklich werden konnte, trotz aller Bemühung, die Beobachtungen der hellsten Sterne ganz nahe an die Sonne heranzutragen.

§ 9. Reduktion der Beobachtungen ohne Mikrometer
auf das Mittel der mit Mikrometer angestellten Beobachtungen
in den beiden Objektivlagen I und II.

Wie einleitend erwähnt, fanden die ersten Messungen am Vertikalkreis ohne Verwendung eines Mikrometers statt. Die ersten Reduktionen von Sternbeobachtungen zeigten schon an Hand der berechneten Polhöhen, daß ein merklicher Biegungsbetrag vorlag, da die Polhöhen stark von der Zenithdistanz abhängig waren. Das Material aus diesen ersten 57 Zonen = $^1/_6$ aller Zonen war aber umfassend genug, um aus dem Vergleich mit den späteren Mikrometermessungen am Zeißschen Deklinationsmikrometer zuverlässige Werte für die Differenz beider Beobachtungssorten als Funktion der Zenithdistanz zu erhalten. Bei der Montierung des Zeißschen Mikrometers, das den Okularkopf erheblich stärker als ohne Mikrometer belastete, wurde auf Grund der Gewichte am Objektiv- und Okularende eine exakte Justierung vorgenommen, sodaß der Schwerpunkt beiderseits gleich weit von der Kubusmitte entfernt und mit dem gleichen Gewichte beschwert war; weiter wurde keine Prüfung vorgenommen, da angenommen war, daß Repsold prinzipiell eine exakte Kompensation vorgenommen hatte, was aber nach Änderung des Okularkopfes durch die Zeißwerke nicht mehr nachprüfbar war. Daß vorher aber keine exakte Kompensation vorhanden gewesen sein kann, zeigen die von z abhängigen Werte der erlangten Polhöhen.

Bildet man die Differenzen der schon oben erlangten Zenithdistanz $^1/_2 (z_I + z_{II})$ gegen die ohne Mikrometer gemessene Zenithdistanz z_0 und bildet sogleich die Gewichtsmittel nach der Anzahl der verwendeten Sterne, deren sämtliche Messungen mitgenommen wurden, so ergibt sich die folgende Tabelle:

z	$B = \Delta z =$ $^1/_2 (z_I + z_{II}) - z_0$	Gewicht	$R =$ $= c \sin z$	$B - R$
7°5	+ 0."15	7	+ 0."10	+ 0."05
12.5	— 8	7	16	— 24
17.5	+ 43	2	22	+ 2
22.5	+ 21	6	28	— 7
27.5	+ 28	8	34	— 6
32.5	+ 42	5	39	+ 3
37.5	+ 57	5	45	+ 12
42.5	+ 94	6	50	+ 44
47.5	+ 72	6	54	+ 18
52.5	+ 54	6	58	— 4
57.5	+ 35	7	62	— 27
67.5	+ 72	10	68	+ 4
72.5	+ 64	5	70	— 6
77.5	+ 53	5	72	— 19

Eine Ausgleichung auf Grund des Ansatzes: $\Delta z = {}^1\!/_2\,(z_I + z_{II}) - z_0 = c \sin z$ ergab $c = +\,0\overset{''}{.}734 \pm 0\overset{''}{.}071$ m. F., mit dem mittleren Fehler ε einer Gleichung vom Gewicht 1: $\varepsilon = \pm\,0\overset{''}{.}440$. Wie die Rubrik $B-R$ zeigt, ist die Darstellung eine befriedigende, nur bei $z = 42\overset{\circ}{.}5$ ist eine etwas größere Abweichung übriggeblieben, während die Nachbarwerte eine sehr befriedigende Darstellung ergeben, sodaß die Ursache in dem wohl zufällig hohen Werte von $B = \Delta z$ bei $z = 42\overset{\circ}{.}5$ zu suchen ist.

§ 10. Die Beobachtungsergebnisse am Polarstern.

Die Polarsternbeobachtungen zur Ableitung der äquatorealen Koordinaten der Rektascension und Deklination dieses Sterns, als Beitrag zur Ermittelung seiner individuellen Korrektion gegen den N. F. K., und zugleich zur Ableitung auch der Polhöhe, nur aus Beobachtungen der absoluten Zenithdistanz in allen Stundenwinkeln, also in einem beschränkten Bereich des Azimuthes um die Meridianlage, gründen sich prinzipiell auf das Problem der drei Höhen, demzufolge aus drei Beobachtungen desselben Sterns die Polhöhe und die beiden Koordinaten des Sterns bestimmt werden können. Die im Falle von polnahen Sternen auf einer Potenzentwicklung nach dem Polabstande entspringende Grundgleichung zwischen der Polhöhe φ, der nördlich negativ gezählten Zenithdistanz z, dem Polabstande $p = 90^0 - \delta$ und dem Stundenwinkel t lautet:

$$\varphi = 90^0 + z - (p \cos t + R),$$

wo der Rest R die stets zu berücksichtigenden Glieder zweiten und höheren Grades in p fixiert. Ist Θ die Sternzeit der Beobachtung, also $t = \Theta - \alpha$, wo α die Rektascension des Polsterns, sodaß bei Substitution in die obige Gleichung die Unbekannten in der Form $p \cos \alpha = \xi$ und $p \sin \alpha = \eta$ zum Vorschein kommen, so erhält man zunächst die Gleichung:

$$\varphi + \xi \cos \Theta + \eta \sin \Theta = 90 + z - R;$$

setzt man $\xi = \xi_0 + \Delta \xi$ und $\eta = \eta_0 + \Delta \eta$, wo ξ_0 und η_0 die mit den angenommenen Koordinaten α_0 und δ_0 des Polsterns berechneten Koordinaten, $\Delta \xi$ und $\Delta \eta$ deren zu ermittelnde Korrektionen, indem ferner φ_0 eine angenommene mittlere Polhöhe, $\Delta \varphi$ ihre gesuchte Verbesserung, schließlich $\varphi_0' = 90 + z - (\xi_0 \cos \Theta + \eta_0 \sin \Theta + R)$, die mit den angenommenen ξ_0, η_0 und der beobachteten wegen Breitenschwankung auf mittlere Polhöhe reduzierten Zenithdistanz z berechnete Polhöhe, wie sie aus der einzelnen Beobachtung folgt, so wird $\Delta \varphi + \Delta \xi \cos \Theta + \Delta \eta \sin \Theta = \varphi_0' - \varphi_0$ die der Reduktion zu Grunde zu legende Gleichung zur Bestimmung von $\varphi = \varphi_0 + \Delta \varphi$, $\xi = \xi_0 + \Delta \xi$ und $\eta = \eta_0 + \Delta \eta$; dabei ist R, weil es von der mindestens 2. Ordnung in ξ und η ist, mit ξ_0 und η_0 berechnet gedacht.

Die Zahl der Mikrometer-Einstellungen auf den Polstern in jeder der beiden Lagen des Instrumentes war 10, und zwar stets in der Nähe der Nullstelle der Deklinationsschraube und in der Nähe des vertikalen Mittelfadens, möglichst symmetrisch zu ihm mit Rücksicht auf die Bewegung des Sterns zwecks Elimination der Fadenneigung. Häufig wurde auch nach den Beobachtungen in der West- und Ostlage noch einmal auf die West- oder Ostlage zurückgegangen, um aus einem Doppelwert der Zenithdistanz die Genauigkeit noch zu steigern und Veränderungen gegenüber der Anfangslage zu kontrollieren; in der mittleren Lage wurden alsdann der Symmetrie halber doppelt so viele Einstellungen wie in den beiden anderen Lagen gemacht, ebenso wurde der Kreis zweimal abgelesen. Die sämtlichen Beobachtungen beziehen sich wie bei allen übrigen Sternen auf beide Objektivlagen I und II; auch ist eine Reihe von Messungen der ersten 59 Zonen ohne Mikrometer ausgeführt worden, sie ist aber hier nicht benutzt worden, da in jeder Beobachtung nur eine Schlüssel-Einstellung gemacht werden konnte, sodaß das Gewicht der einzelnen Messung zu gering gegen das der Mikrometer-Messungen ist.

Zunächst soll nun die Zusammenstellung der Beobachtungen gegeben werden, durch Angabe der Zonennummer, des Datums, der Sternzeit Θ, Bildbeschaffenheit B und beobachteten Polhöhe φ_0', korrigiert wegen der Breitenschwankung, deren Werte mir liebenswürdiger Weise von Herrn Wanach zur Verfügung gestellt worden waren.

Zone	Datum		Θ	B	φ'_0	Zone	Datum		Θ	B	φ'_0
	1923						1923				
60	Sept.	17.	12ʰ.2	3—4	41."92	84	Okt.	30./31.	13ʰ.4	3	42."26
61	"	19.	12.3	4—3	41.34				15.8	3—4	42.00
62	"	20.	12.7	—	41.31				0.4	3	41.96
	"	20.	17.3	3	42.22				2.9	3—2	41.40
63	"	20./21.	11.5	4	42.67	85	Nov.	2./3.	13.9	3—4	41.18
65	"	22./23.	11.7	3—2	41.08				15.0	—	41.88
66	"	25.	12.7	3—	43.13				1.6	3—4	41.40
			19.3	2—3	41.64	86	"	5.	15.1	3—2	41.79
			21.2	—	42.20				20.8	2—3	41.37
67	"	26.	17.2	3—2	41.47				21.2	3—2	42.62
			17.4	3—2	41.60				22.6	2—3	42.15
68	"	28.	18.3	3	41.57	87	"	11./12.	14.7	3—4	42.33
69	"	29.	18.3	—	42.51				15.9	—	41.69
			19.0	—	41.51				1.6	3	42.01
			22.0	—	41.49				2.5	—	42.53
70	Okt.	1.	14.1	3—4	40.80	88	"	13.	0.4	3	42.07
			19.7	2—3	42.05				3.9	3—4	41.81
71	"	5.	20.4	3	41.07	89	"	16.	21.2	3—4	40.80
			23.4	4	41.57				23.3	3—2	41.47
72	"	8.	14.0	3—2	41.23	90	"	20.	1.2	3—2	41.16
73	"	9.	13.8	—	42.19				3.9	2—3	41.52
			14.0	—	42.23	91	"	21.	0.0	3	41.84
74	"	12.	13.6	3—4	40.93				1.5	3	42.50
			14.7	3—4	41.88				2.3	2	42.08
75	"	15.	22.6	2—3	42.11	92	"	25./26.	17.3	—	41.69
76	"	18.	23.4	2—3	43.16				21.8	—	41.94
77	"	19.	14.7	—	41.68				23.4	—	42.39
78	"	20.	14.1	—	42.10				0.3	—	41.94
79	"	23.	22.8	3	41.62	93	"	28./29.	15.4	—	40.40
			2.1	4—3	41.59				17.3	—	41.47
80	"	25./26.	13.4	3—4	41.58	94	Dez.	7./8.	17.7	—	42.23
			18.5	3—4	42.40				2.6	—	42.26
			14.5	—	41.34				8.9	—	42.41
81	"	27.	14.6	—	41.64	95	"	29.	1.5	—	41.80
			23.8	—	42.36				2.4	—	41.76
			2.3		41.47						
			3.4	2—3	42.16		1924				
82	"	29.	14.7	—	41.16	98	Jan.	4.	19.3	2—3	41.64
			23.7	2	41.78				0.4	3	41.56
			2.2	2	42.58				3.7	2	42.19
83	"	29./30.	13.4	3	41.75			6./7.	18.2	—	41.83
			0.0	3—4	40.87	100	"	8./9.	1.2	—	41.26
			2.7	3	41.82				2.6	—	41.52

Zone	Datum	Θ	B	φ'_0	Zone	Datum	Θ	B	φ'_0
	1924					**1924**			
100	Jan. 8./9.	4ʰ0	—	41."39	126	März 9./10.	6ʰ6	2	42."22
	12.	4.1	2	42.88			9.1	2	42.16
		4.3	2	42.42			9.9	2	42.30
		7.5	2	42.39	127	„ 10./11.	23.1	3—2	41.60
		7.6	—	42.48	128	„ 13.	7.9	2	42.32
103	„ 13./14.	19.0	3—4	41.06			9.0	2	41.91
		20.4	3	41.52			10.7	—	41.85
		4.3	4	42.78	129	„ 13./14.	22.7	3	41.73
		6.3	3	42.38			0.3	3—	41.25
104	„ 14./15.	20.4	4—3	42.64			5.4	2	42.27
		4.0	2—3	42.56			7.1	2	42.05
		5.6	—	42.06	130	„ 14./15	22.5	3—4	41.88
105	„ 17.	4.3	3—	41.77			23.4	3—	41.53
106	„ 23.	2.5	2—3	42.24			0.3	3	42.01
		4.6	2—3	42.54			5.4	2	41.87
107	„ 23./24.	20.0	2—	42.64			7.1	—	42.07
		21.0	2	42.86	131	„ 17.	8.8	2—3	41.88
		4.0	2	42.32			9.9		41.27
108	„ 25.	6.4	3	42.09			10.7		41.81
		8.0	3—2	42.02	133	„ 18./19.	22.8	3—4	41.43
109	„ 26.	5.0	3—2	42.61			0.2	3—4	41.20
		8.0	2—3	41.83			2.3	3—4	42.33
110	„ 29./30.	20.0	3	41.16			7.9	2—3	42.34
		21.5	3	41.86			8.8	2	41.87
		2.8	2	41.78	135	„ 20./21.	23.4	3	42.56
		4.0	2	41.56			1.7	4—3	42.08
111	„ 30./31.	20.4	3	41.72			2.6	3	41.48
112	„ 31./1.Feb.	20.4	3—2	41.16	136	„ 22./23.	23.8	3—2	42.02
		21.4	2	41.72	137	„ 23./24.	9.0	3—2	41.80
113	Febr. 1./2.	20.6	3—2	42.86			10.7	2—3	42.08
		21.6	(3—2)	43.72	138	„ 25.	7.3	3	41.31
114	„ 17./18.	21.6	3—4	42.77			9.0	2	42.00
		22.5	3—4	42.15	140	„ 26./27.	22.4	2—3	42.10
		22.6	3—4	41.87			0.1	3	42.47
		2.8	3—4	42.59			9.1	2	41.94
		6.1	3	42.04			10.7	2	42.28
115	„ 19.	4.7	2—	41.82			11.5	2	42.84
		7.2	2	42.57	141	„ 29./30.	0.4	3—4	41.98
116	„ 19./20.	21.6	3—2	41.67	142	„ 30./31.	23.1	3	42.53
		22.6	3—2	42.69			1.0	3—	41.99
		4.3	2	42.34			3.7	4—3	41.63
		4.7	2	42.85			4.7	3	42.03
		7.1	2	41.55			6.9	3	42.01
117	„ 20./21.	21.6	3—2	42.28	143	„ 31./1.Apr.	23.5	3—2	42.03
		1.5	2	41.70			1.0	2	41.96
		4.1	2	42.14	144	April 4./5.	23.7	3—4	41.70
118	„ 22./23.	22.6	3	42.52			1.5	3—4	42.25
119	„ 24./25.	7.4	2	42.59			6.1	2—3	41.42
		8.3	2	41.83	145	„ 5./6.	1.2	4—3	42.13
120	„ 25./26.	22.3	2—3	42.02	146	„ 6./7.	23.4	3	41.94
		23.3	2—	42.17			1.2	3	42.00
		7.8	2—3	42.16			7.0	2	41.91
121	„ 29.	7.1	3—4	42.56			8.7	2	42.54
		10.2	3	42.99			9.9	2	42.27
123	März 3./4.	22.7	3	41.68	147	„ 7./8.	23.4	3—	41.86
		23.4	3	42.09			1.4	3—	42.67
		4.2	2	41.79	148	„ 10.	9.8	2	42.14
125	„ 8./9.	23.8	3	42.54			10.7	2—3	41.78
126	„ 9./10.	21.5	3	41.38			12.0	2	41.75
		22.6	3—4	42.41	149	„ 12.	9.8	2	42.68
		23.8	4—3	41.82			10.6	2	42.42

Zone	Datum	Θ	B	φ'_0	Zone	Datum	Θ	B	φ'_0
	1924					1924			
149	April 12.	12ʰ1	2	42."37	173	Juni 17.	17ʰ3	3—2	42."18
151	„ 27./28.	3.2	3	42.04			17.8	3—2	42.42
152	Mai 2.	8.5	2—3	41.38	174	„ 19.	16.4	2—3	42.07
		12.0	2—3	41.89			18.5	2	41.90
		12.3	2	41.77	175	„ 19./20.	6.5	4	42.75
		13.4	2	41.24	176	„ 20./21.	5.6	4	42.38
153	„ 3.	12.0	2	42.39			6.4	3	42.14
		12.0	2	42.05			11.4	2	41.79
		13.4	3	42.17	177	„ 23./24.	15.4	2—3	42.62
154	„ 6.	9.1	2	42.22			16.3	2—3	42.28
		11.3	2	42.79			18.3	3	42.52
		12.0	2	42.51	178	„ 25.	12.4	2	41.70
		13.4	2	42.61			13.2	2	42.38
155	„ 11./12.	12.3	2	42.40	180	„ 27.	16.2	3	42.46
		13.4	2	41.94	181	„ 27./28.	7.0	4	42.13
156	„ 13.	11.8	2	42.15	182	„ 29./30.	5.0	3	42.11
		12.0	2	42.19			5.6	3	42.11
		13.5	—	42.69			7.3	3	41.09
		14.9	2	42.37	183	Juli 2.	12.1	2—3	41.22
157	„ 13./14.	2.0	3—	42.35			13.5	2	41.58
		8.8	3	42.22			14.9	2	42.58
		9.6	2	41.61	184	„ 3./4.	6.2	3—4	42.36
		9.8	2	42.05			7.4	3	42.30
		10.4	—	42.27	186	„ 6./7.	5.9	4	41.64
158	„ 14./15.	3.9	3—4	41.87			7.9	3—	41.36
		9.9	2	41.03	187	„ 9.	16.8	2	42.89
		10.6	2	42.18			17.3	3	42.98
159	„ 15./16.	2.6	3—	40.82	188	„ 10.	14.5	2	41.87
		8.8	3—	41.52			15.0	2—3	42.41
160	„ 16./17.	3.2	4	41.41			17.0	3—2	42.62
		3.9	3—	42.29	189	„ 11.	15.5	2	42.14
161	„ 18./19.	2.3	3—	41.45			17.3	3	42.04
		8.4	4—3	41.92	192	„ 16.	13.2	3	42.96
162	„ 20.	9.9	2—3	42.11			13.5	2	42.47
163	„ 22.	10.2	2	41.72			14.9	2—3	42.33
		12.7	2—3	42.58	193	„ 16./17.	7.4	3—	43.59
		18.6	3	42.49			8.1	3—	41.92
		15.0	2—3	42.17	194	„ 20./21.	8.2	4—3	43.04
164	„ 22./23.	3.4	3—4	42.54	195	„ 21./22.	8.6	4	42.29
165	„ 24.	13.5	3	41.84			16.4	2	42.28
		15.1	2—3	42.54			19.3	3	43.37
166	„ 28.	14.9	2—3	42.18	196	„ 24./25.	17.9	2	42.52
		15.0	2	41.72	197	„ 25./26.	8.2	4—3	42.17
		16.8	2	42.18	198	„ 29.	13.8	2—3	42.15
167	„ 31.	13.5	2—3	42.14			15.0	2	41.89
		16.1	2	42.60			16.7	2	42.59
168	Juni 3./4.	11.4	2	41.94	199	„ 31.	17.9	3	42.55
		14.5	2—3	42.79			19.5	3	42.83
		15.0	2	42.88			20.3	2—3	41.56
		15.9	3—2	42.58	200	„ 31./Aug.1.	17.2	2—3	41.47
169	„ 6./7.	5.3	4—3	42.67	201	Aug. 1./2.	8.2	3	42.31
170	„ 9./10.	4.1	3—2	42.35			9.1	3—	42.64
		5.6	3—2	42.80	202	Sept. 4.	19.5	2	41.67
		15.0	3—2	41.83			20.8	2	42.20
		16.2	3—2	41.47			21.4	—	41.71
		17.3	2—3	41.71	203	„ 5.	19.3	3—2	42.50
172	„ 15./16.	6.0	3	42.34	204	„ 6./7.	11.5	2—3	42.72
		11.8	3	42.24	205	„ 7./8.	11.6	2—3	42.08
		12.8	3—2	41.92			17.5	2	42.24
173	„ 17.	15.2	3	41.98	206	„ 8./9.	10.3	3	43.28
		16.3	3	42.56			11.6	2—3	42.29

Zone	Datum	Θ	B	φ'_0	Zone	Datum	Θ	B	φ'_0
	1924					1924			
207	Sept. 9./10.	10ʰ4	3	41.92	225	Okt. 7./8.	13ʰ8	—	42.31
		16.8	2	42.64			19.5	2	41.99
208	,, 10./11.	10.7	3—4	42.32			20.8	3—4	42.12
		11.7	3	42.47	226	,, 9.	18.6	3	41.83
		21.0	—	41.71			20.4	2	42.40
		22.1	2	42.37	227	,, 9./10.	13.7	—	42.72
209	,, 11./12.	10.5	3	42.55			13.9	2	42.73
		11.5	3	42.27			22.6	2	42.49
		20.0	2	42.25			0.4	2	42.32
		21.0	2	42.67	228	,, 10./11.	13.4	3	42.41
		22.6	2	41.93			14.1	2	42.47
210	,, 12./13.	10.8	3—	43.36			20.5	3	42.97
		11.6	4—3	43.48	229	,, 11./12.	13.5	3—2	42.53
		16.9	2	42.04	230	,, 12./13.	13.5	2—3	42.38
211	,, 13./14.	10.7	4—3	42.46			18.9	—	42.55
		11.2	—	42.26			21.2	3	42.21
212	,, 19./20.	11.4		41.51			22.0	—	42.37
		12.2	4—3	41.66	231	,, 13./14.	13.6	2	42.99
213	,, 20./21.	11.6	3	41.78			14.0	2	42.44
		12.2	3	42.18			20.8	3—2	42.06
214	,, 21./22.	12.1	2—3	41.66			22.2	2	43.13
215	,, 22./23.	9.0	2—3	42.56	232	,, 16.	22.0		42.13
		10.3	3	43.28	233	,, 16./17.	20.0	2—3	42.47
		11.6	4	42.76			20.7	2—3	42.66
		17.6	2	42.18			22.6	2	42.62
		20.0	2—3	42.70	234	,, 23.	23.4	3—	41.94
216	,, 23./24.	11.6	4—3	42.34			0.3	3	42.48
		12.2	3	42.81			1.5	2—3	41.63
		21.0	3—2	41.94	235	,, 23./24.	14.3	3	42.20
		22.6	3	42.26	236	,, 24./25.	13.7	4	42.66
217	,, 24./25.	11.8	3	42.57			19.6	2—3	41.60
218	,, 28./29.	9.5	3	43.15			21.1	3	41.44
		10.5	3—	42.80	237	,, 26./27.	13.8	3	41.91
		13.0	2—3	41.98			22.7	3	41.72
		21.1	2—3	42.60			23.7	3—2	42.75
		22.6	2—3	41.82			0.4	3	41.94
		23.4	2	42.62	238	,, 29.	19.6	3—2	40.82
219	,, 30.	21.2	2—3	41.59	239	,, 29./30.	13.9	2—3	42.08
		22.6	2	41.80			14.6	2	41.82
		23.3	2	42.64			18.6	2	41.54
220	Okt. 1.	17.6	2	41.77	240	Nov. 1.	19.7	—	41.01
		18.5	2	41.63			22.6	2	40.91
		19.6	2	42.45	242	,, 4.	21.1	2—3	41.45
221	,, 1./2.	13.1	3	41.19	243	,, 4./5.	14.4	2—3	42.17
		13.5	3—2	42.03			15.0	2	41.61
		21.1	2	42.28			21.5	2	41.34
		22.7	2	42.43			22.6	2	41.83
		23.4	2	42.38			0.3	2	42.11
222	,, 2./3.	13.3	3—	42.16	244	,, 5./6.	14.5	2—3	41.89
223	,, 3./4.	12.4	3	42.02			15.1	3	41.93
		18.6	3	41.94	245	,, 7.	23.8	3—2	41.29
		21.1	3	42.49			1.5	3	42.29
		22.6	3	42.29			2.8	2	42.01
224	,, 6./7.	12.5	3	42.32	246	,, 9./10.	14.6	3—4	41.95
		13.5	4—3	42.34			15.8	—	41.76
		17.4	2	42.19	247	,, 10./11.	14.8	3—2	41.27
		17.5	2	41.67			15.8	2—3	41.70
		22.3	2	42.21	248	,, 12.	21.6	2—3	42.01
		22.7	2	42.34			22.6	2	41.83
		0.3	2—3	41.95	249	,, 12./13.	15.0	3—2	42.13
225	,, 7./8.	13.2	4	42.29			15.8	3	42.07

Zone	Datum	Θ	B	φ'_0	Zone	Datum	Θ	B	φ'_0
	1924					**1925**			
249	Nov. 12./13.	21ʰ5	—	42ˢ15	270	Jan. 23.	3ʰ0	3	41ˢ36
		22.6	2	41.93			4.1	2—3	42.20
		0.3	2	42.30			6.2	4	42.34
250	„ 14.	0.4	2	41.97	271	„ 23./24.	20.0	2	42.04
251	„ 18.	23.3	2	42.02			20.9	2—	41.54
		0.3	2	41.94	272	„ 27.	2.3	3—2	41.81
		2.0	2	42.22			3.1	2—3	42.28
252	„ 19./20.	15.6	3—2	41.90	273	„ 30.	6.3	2—3	42.28
		16.2	2—3	42.34	274	Febr. 2.	4.4	3—2	42.27
253	„ 23./24.	15.7	2	41.73	275	„ 4./5.	20.9	2—3	41.64
		16.3	3	41.69			21.5	3	41.65
		23.5	3	41.67	276	„ 7.	4.0	3	41.76
		1.5	3—	42.38			4.4	3	42.39
254	„ 24./25.	15.8	4	41.18			7.5	3	42.09
		16.3	4	41.53	277	„ 9.	2.8	2—3	41.15
		20.5	3	41.32			3.6	3	41.41
		21.1	3	41.73	278	„ 10.	4.6	3	42.62
		22.7	3	42.76			5.7	2	42.51
255	„ 25./26.	15.9	3	42.23	279	„ 10./11.	21.9	2—3	41.80
		16.4	3	41.83			22.0	2—3	40.73
256	„ 26.	16.0	3—4	41.77			2.1	3	40.99
		16.5	4—3	41.59			2.2	3	41.51
257	„ 28.	1.5	2—3	42.47	280	„ 11./12.	20.7	3—	41.76
		2.2	2—3	42.34			21.9	3	42.03
		3.1	2	42.43	281	„ 17./18.	21.9	3	42.63
258	„ 28./29.	16.1	2	41.64			22.5	3—	41.91
		16.8	2	42.08	282	„ 18./19.	21.9	3	41.84
		21.6	2	41.57			22.4	3	42.42
259	Dez. 9.	2.2	2	42.16	285	„ 24.	4.7	2	42.41
		3.2	2	42.70			7.4	—	42.51
260	„ 12./13.	17.1	2	42.22	286	„ 24./25.	22.3	2—3	42.63
		18.1	2	42.58			22.8	3	41.23
		1.5	2	42.54			5.4	3—2	42.77
		3.9	2—3	43.02			8.0	2	42.54
261	„ 22./23.	18.5	3—2	43.10			8.0	2	42.99
		23.5	2	42.52			8.8	2	42.51
		1.5	3—2	42.45	287	„ 25./26.	22.3	3	42.06
		2.2	2	42.51			22.9	3	41.67
262	„ 26./27.	18.9	2—3	41.76			3.7	3—2	42.03
		1.1	—	41.11			3.8	—	42.62
		3.4	—	42.37	288	„ 27./28.	22.3	3—2	41.25
263	„ 29./30.	19.3	3	41.45			23.1	—	42.33
		0.5	3	42.02			8.1	2—3	42.37
		1.8	3	41.00			9.0	2	41.91
		4.0	3—2	42.29			9.6	2	42.69
	1925				289	März 3./4.	8.7	2—3	42.33
264	Jan. 10.	2.7	2—3	41.32			9.9	2—3	42.43
		4.1	2—3	42.95			10.5	2	42.82
265	„ 13./14.	19.1	2—3	42.26	290	„ 8./9.	23.1	3—	41.84
		20.0	3—2	42.17	291	„ 10.	8.7	3—2	42.60
		0.8	3	42.17			9.0	2—3	42.23
		2.3	3	42.53			9.9	2—3	41.95
266	„ 14./15.	20.0	3—	41.17	292	„ 26./27.	0.7	3—	41.80
267	„ 20.	1.5	2	42.23			1.4	3	41.84
		2.5	—	42.29	293	„ 31./Apr.1.	0.3	4	41.29
268	„ 21.	4.0	3	42.13			1.5	4	41.62
		6.8	3	42.62			7.0	3	42.34
269	„ 21./22.	19.0	3—4	41.84	294	April 1./2.	1.2	4	41.67
		19.9	4—3	41.87			1.5	4	42.26
		20.5	3—2	41.23	295	„ 2./3.	1.5	3—4	41.66
							8.7	3	42.42

Zone	Datum	Θ	B	φ'_0	Zone	Datum	Θ	B	φ'_0
	1925					1925			
295	April 2./3.	10^h6	3—4	42.28	313	Mai 14./15.	14^h9	2	42.21
296	5./6.	1.5	4	41.51	314	„ 17./18.	3.9	4	42.31
		9.5	3	42.63			4.0	4	42.22
		10.7	2—3	42.54	315	„ 19./20.	3.0	3—2	42.89
297	„ 6./7.	1.6	4—5	41.37			15.0	2	40.92
		7.5	2	43.37	316	„ 22.	8.6	2—3	41.83
298	„ 7./8.	1.5	4	41.89			10.6	2	42.14
299	„ 8./9.	1.5	4	41.93	317	„ 26.	13.5	2—3	42.98
		9.6	3—2	42.49			15.6	2	41.97
300	„ 10./11.	1.5	4	42.29	318	„ 28.	9.6	2—3	42.74
		10.0	2	42.55			10.6	2	42.15
		10.7	2	42.51			11.9	2	42.19
		11.9	2	42.35	319	„ 29.	13.6	2—3	42.92
302	„ 18.	10.8	2	43.07			15.0	2	42.87
		11.9	2—3	42.42	320	„ 29./30.	2.5	4—3	42.39
		13.1	2	42.59	321	Juni 5.	14.1	3	42.90
303	„ 20./21.	2.3	4	43.05			16.2	2—3	42.75
		11.4	3	42.45	322	„ 7./8.	4.9	4—5	41.75
304	„ 22.	10.9	2	42.09			5.5	4	42.03
305	„ 23.	10.8	3—2	42.69	323	„ 11.	15.0	3—2	42.29
		11.9	3	42.21			16.2	3	42.14
		13.1	3—	41.81	324	„ 11./12.	5.0	3	42.84
306	„ 23./24.	2.3	4—5	41.86			5.7	3	42.36
308	„ 30.	11.5	2—3	42.67	325	„ 13.	9.6	3	42.84
		12.0	3	42.18			10.4	2	42.70
309	Mai 4.	12.1	3—2	42.38			11.4	2	42.68
		13.5	2—3	42.74	326	„ 19.	16.2	2—3	41.92
310	„ 7.	12.0	2	42.70			17.0	3—2	41.98
		13.5	—	42.81	327	Juli 3.	16.3	2—3	42.35
311	„ 8./9.	2.7	3	43.21	329	„ 17.	13.2	2	43.18
		3.3	3—4	42.85	330	„ 19./20.	6.1	—	43.06
312	„ 14.	8.7	2	42.85			8.2	—	42.13
		9.9	2	42.67	331	„ 21.	17.6	2	42.97
		10.6	2	42.51			18.7	2	42.73
313	„ 14./15.	3.5	3	42.78	332	„ 22.	13.3	2	43.19
		4.1	3	43.13			13.9	2	42.57
		13.5	2	42.63					

Zur Bearbeitung wurden alsdann die Polhöhenwerte zuerst für die Sternzeiten 0^h0, 0^h2, 0^h4 .... 23^h8 nebst der Anzahl der auf jeden dieser Zeitpunkte entfallenden Beobachtungen zur Berechnung des Gewichtes zusammengezogen, jede Objektivlage für sich genommen, alsdann fand eine stundenweise Zusammenziehung unter Mittelung der Werte beider Objektivlagen statt. Die so erhaltenen Werte d. h. $\varphi'_o - \varphi_o$ finden sich auf den rechten Seiten der nun folgenden 24 Bedingungsgleichungen, die der Ausgleichung nach den 3 Unbekannten $\Delta\varphi$, $\Delta\xi$ und $\Delta\eta$ zu unterwerfen sind; die angenommene Polhöhe war hier $\varphi_o = 51° 6'\ 42.00$:

1	$\Theta = 7°5$	$\Delta\varphi + 0.991\,\Delta\xi$	$+ 0.131\,\Delta\eta$	$= -0.04$
2	22.5	$+ 924$	$+ 383$	$- 6$
3	37.5	$+ 793$	$+ 609$	$- 2$
4	52.5	$+ 609$	$+ 793$	$+ 13$
5	67.5	$+ 383$	$+ 924$	$+ 34$
6	82.5	$+ 131$	$+ 991$	$+ 34$
7	97.5	$- 131$	$+ 991$	$+ 48$
8	112.5	$- 383$	$+ 924$	$+ 30$

		$\Delta\varphi$	$\Delta\xi$	$\Delta\eta$	
9	$\Theta = 127^\circ{.}5$	-0.609	$+0.793$		$= + 19$
10	142.5	$-$ 793	$+$ 609		$+$ 34
11	157.5	$-$ 924	$+$ 383		$+$ 34
12	172.5	$-$ 991	$+$ 131		$+$ 24
13	187.5	$-$ 991	$-$ 131		$+$ 20
14	202.5	$-$ 924	$-$ 383		$+$ 22
15	217.5	$-$ 793	$-$ 609		$+$ 02
16	232.5	$-$ 609	$-$ 793		0
17	247.5	$-$ 383	$-$ 924		$+$ 14
18	262.5	$-$ 131	$-$ 991		$+$ 6
19	277.5	$+$ 131	$-$ 991		$+$ 2
20	292.5	$+$ 383	$-$ 924		$-$ 12
21	307.5	$+$ 609	$-$ 793		$-$ 08
22	322.5	$+$ 793	$-$ 609		$-$ 04
23	337.5	$+$ 924	$-$ 383		$+$ 11
24	352.5	$+$ 991	$-$ 131		$+$ 18

Aus den Beobachtungsdaten der rechten Seiten ist zunächt als Kriterium für die Brauchbarkeit der Beobachtungen und Methode klar ersichtlich, daß infolge des periodischen Einflusses von $\Delta\xi$ und $\Delta\eta$ tatsächlich und ohne Rücksicht auf eine Trennung der Tag- und Nachtbeobachtungen eine glatte periodische Schwankung der beobachteten Werte der Polhöhe mit Nullstellen von $\varphi_o' - \varphi_o$ bei $\Theta_1 = 37^\circ{.}5$ und $\Theta_2 = 217^\circ{.}5 = 180 + \Theta_1$ mit einem um 90° davon entfernten Maximum resp. Minimum der Schwankung vorhanden ist, sodaß also der Ort des Polarsterns sicher einer Korrektion seines Ortes bedarf. Da die Gewichte jeder einzelnen Gleichung bei der beträchtlichen Anzahl der Beobachtungen zu jeder Sternzeitstunde sehr hoch sind, so wäre es eine überflüssige Arbeit, alle Gleichungen für die Rechnung noch mit verschiedenem Gewicht zu versehen. Dann aber ist die Ausgleichung eines solchen Gleichungssystems mit periodischen Koeffizienten wegen des aequidistenten Fortschreitens des Argumentes von Gleichung zu Gleichung eine besonders einfache. Nach der bekannten Auflösung eines solchen Gleichungssystems erhält man alsdann:

$$\Delta\varphi = +0\overset{.}{.}137 \pm 0\overset{.}{.}021, \quad \Delta\xi = -0\overset{.}{.}108 \pm 0.030, \quad \Delta\eta = +0\overset{.}{.}149 \pm 0.030.$$

Die den Verbesserungen $\Delta\xi$ und $\Delta\eta$ entsprechenden Verbesserungen da und $d\delta$ in Rektascension und Polabstand ergeben sich auf Grund der obigen Definitionsgleichungen für ξ und η, sodaß also: $da = \dfrac{-\Delta\xi \sin a + \Delta\eta \cdot \cos a}{p''}$, $dp = -d\delta = -\Delta\xi \cos a +$ $\Delta\eta \sin a$, sodaß die Substitution der numerierten Werte ergibt:

$$da = +8\overset{.}{.}93 = +0\overset{.}{.}595 \pm 0\overset{.}{.}099$$
$$d\delta = +0\overset{.}{.}044 \pm 0\overset{.}{.}030$$

in guter Übereinstimmung mit der neuesten Ableitung der Korrektion der Polarsternkoordinaten nach Kopff (Astr. Nachr. Bd. 231, Nr. 5540, S. 366), wonach: $da = +0\overset{.}{.}674$ und $d\delta = -0\overset{.}{.}07$ (1925). In Deklination zeigt sich hier, ebenso wie bei meinen Messungen der Programmsterne, daß die Deklinations-Korrektion am Pol so gut wie bedeutungslos ist. Eichelberger findet in seinem System $da = +1\overset{.}{.}21$ und $d\delta = -0\overset{.}{.}11$, also in a eine noch größere positive Korrektion gegen den N. F. K. als Kopff und ich. Die nach den obigen Polstern-Beobachtungen erhaltene Polhöhe $\varphi_0 = 51° 6' 42\overset{.}{.}14$ weist gegen die Polhöhe aus den übrigen Sternen $\varphi_0 = 51° 6' 42\overset{.}{.}41$ eine Differenz von $+0\overset{.}{.}27$ auf, die vielleicht auf der Vernachlässigung der Teilfehler beruhen kann. Da alle systematischen Fehler der Zenithdistanz des Polsterns sich auf die Polhöhen-Korrektion $\Delta\varphi$ werfen, wie aus der Form der Gleichungen unmittelbar folgt, bleiben die Koordinaten des Polsterns hievon gänzlich unabhängig, worauf die hohe Genauigkeit der Bestimmung der Koordinaten und die gute Übereinstimmung mit den vielen anderen der Kopffschen Bearbeitung zu Grunde liegenden Beobachtungsreihen zurückzuführen ist.

§ 6. Die Genauigkeit der Beobachtungen.

Zunächst soll der mittlere Fehler einer Beobachtung in Zenithdistanz fixiert werden. Werden die Breitenschwankungen an alle z angebracht, ebenso die Saalrefraktion und die systematischen Korrektionen, so ergibt das gesamte Material, angeordnet nach den Zenithdistanzen in je 10° Abstand die folgenden Werte des mittleren Fehlers ε einer Zenithdistanz für das Gewicht $p = 1$, d. h. für die Bildbeschaffenheit $= 3$, 3—2 oder 2—3, also für ein befriedigendes aber nicht gutes Bild, unter Ausgang vom Gewichtsmittel der Zenithdistanz jedes einzelnen Sterns:

Tafel für ε.

z	0°	10°	20°	30°	40°	50°	60°	70°	80°
südlich	± 0."48	46	43	42	41	41	37	47	53
nördlich		43	50	36	41	41	37	45	61

Demnach ist die Genauigkeit bis $z = 70°$ nördlich vom Zenith wie nach Süden als konstant zu erachten, erst dann findet ein mäßiger Abfall der Genauigkeit statt. Diese Tatsache ist insofern wohl überraschend, als besonders in unterer Kulmination infolge der langsameren Bewegung der betreffenden Sterne gegenüber den südlichen Sternen allgemein eine größere Genauigkeit zu erwarten war; es scheint, daß durch die rund 10 Mikrometer-Einstellungen jedes Sternes eine Verschiedenheit der Genauigkeit verwischt worden ist. Daß die Zenithbeobachtungen keine höhere Genauigkeit als in den entfernteren Zenithabständen besitzen, beruht wohl darauf, daß innerhalb $z = \pm 10°$ stets nur 2—3 Mikrometer-Einstellungen und zwar weitestens von der Kollimationslinie entfernt an den äußersten Fäden und nur auf der einen Seite des Mittelfadens, also unsymmetrisch angestellt werden konnten, im Gegensatz zur völligen Symmetrie von 10 Einstellungen bei den anderen Sternen. Eine Trennung der Nacht- von den Tagesbeobachtungen wurde nicht vorgenommen, weil die Tagesbeobachtungen an Zahl weit geringer als die Nachtbeobachtungen sind und ferner die Bilder bei Tage fast stets gute waren, abgesehen von den Sternen, die der Sonne sehr nahe standen und deshalb meist unruhig waren. Die Gleichmäßigkeit in der Genauigkeit beweist aber in jedem Falle die gleichmäßig gute atmosphärische Beschaffenheit und stellt damit der Lage der neuen Sternwarte ein erfreulich gutes Zeugnis aus. Bei der einfachen Mittelbildung, zu der die große Zahl der Beobachtungen in jeder Gruppe der Zenithdistanzen berechtigt, ergibt sich als mittlerer Fehler einer Beobachtung im Durchschnitt $\varepsilon = \pm 0."44$ bei Gewicht $p = 1$ (Bild 3, 3—2, 2—3), also $\varepsilon = \pm 0."31$ bei dem Gewicht $p = 2$ (Bild $= 2 =$ gut). Zur Ableitung der Genauigkeit der Messungen ohne Mikrometer wurden, da die Zahl dieser Messungen nur ein Sechstel der mit Mikrometer beträgt, die Zusammenfassungen innerhalb der Zenithdistanzgrenzen 0°—20°, 20°—40° etc. vorgenommen, sodaß sich das folgende Bild für den mittleren Fehler ε_0 einer Beobachtung ergab:

Tafel für ε_0.

z	0^0-20	20^0-40^0	40^0-60^0	60^0-75^0
südlich	$\pm 0\!\!\overset{.}{,}\!48$	43	59	69
nördlich	51	35	43	56

Auch hier ist ε_0 bis etwa $z = 60°$ als konstant zu betrachten und zwar $\varepsilon_0 = \pm 0\!\!\overset{.}{,}\!46$ anzunehmen, also ein nur unwesentlich größerer Fehler als bei Beobachtungen mit Mikrometer; von $z = 60°$ ab wird im Mittel $\varepsilon_0 = \pm 0\!\!\overset{.}{,}\!62$, also größer als das entsprechende $\varepsilon = \pm 0\!\!\overset{.}{,}\!52$, sodaß also der Gebrauch der Vervielfältigung der Einstellungen mit dem Mikrometer in den tieferen Zenithdistanzen bei den hier schlechteren Bildern eine etwa nur 20 prozentige Verbesserung des Beobachtungsfehlers herbeiführt. Andererseits bestätigt die nahe Gleichheit von ε_0 und ε bei $z < 60°$ die Auffassung vieler Beobachter, daß eine einzelne ruhig ausgeführte Einstellung mit dem Schlüssel ebenso sicher wie die Vervielfältigung der Einstellungen mit einem Mikrometer sein kann.

Der mittlere Fehler einer Deklination ist infolge des linearen Zusammenhanges von δ, φ und z und weil der mittlere Fehler von φ sehr klein gegen den von z ist, absolut genommen nur unmerklich größer als der von z, so daß es sich nicht verlohnt, ihn deshalb besonders numerisch zu fixieren.

§ 12. Definitive Zenithdistanzen und Deklinationen.

Zur Ableitung der definitiven Zenithdistanzen mußten, nachdem für jeden Stern die Mittelwerte von z in den beiden Objektivlagen mit Mikrometerbenutzung gebildet waren, zwecks Vereinigung dieses Wertes mit den Beobachtungen ohne Mikrometer zuerst das Gewicht dieser letzteren im Verhältnis zu dem der ersteren abgeleitet werden. Die Handhabe dazu bieten die Resultate der mittleren Fehler ε und ε_0, wie sie S. 56 abgeleitet worden sind. Das relative Gewicht p_0 einer Beobachtung ohne Mikrometer zu dem einer Beobachtung vom Gewicht 1 bei Mikrometerverwertung ist $p_0 = \dfrac{\varepsilon^2}{\varepsilon_0^2}$; nach den Zahlenangaben ist also für

$$z = \quad 0\ -60°: p_0 = 0{,}91$$
$$z = 60°-75°: p_0 = 0{,}72.$$

Hat also z_0 als Mittel von n_0 Beobachtungen das nach der Bildqualität abgeleitete Gewicht g_0 und hat $z = \tfrac{1}{2}(z_I + z_{II})$ das Gewicht g, so wird das definitive $z_1 = \dfrac{z \cdot g + z_0\, g_0\, p_0}{g + g_0\, p_0}$. Die folgende Tabelle enthält für jeden Stern, getrennt nach oberer und unterer Kulmination, letztere mit einem * angedeutet, die Werte von z, p, z_0, $p_0 \cdot g_0$, z_1 und die aus z_1 abgeleiteten provisorischen Deklinationen δ_0, indem die Werte z_1 allerdings ebenfalls noch nicht definitiv sind, weil die berechnete Verbesserung der Refraktionskonstante noch nicht einbezogen ist, was erst bei der Berechnung der definitiven Deklination geschehen wird. Die an die provisorischen

Tabelle.

Nr. N.F.K.	z	p	z_0	$p_0 g_0$	z_1	δ_0	$\Delta\delta$
1	$+\,22°\,26'\ \ 6\overset{''}{.}38$	28.0	$6\overset{''}{.}45$	3.2	$6\overset{''}{.}39$	$+\,28°\,40'\ 35\overset{''}{.}93$	$+\,0\overset{''}{.}11$
7	$+\,36\ \ 20\ \ 41.22$	20.0	41.57	2.7	41.27	$+\,14\ \ 46\ \ \ \ 1.05$	$+\ \ \ 12$
472*	$-\,58\ \ 41\ \ 12.04$	14.5	12.03	1.8	12.04	$+\,70\ \ 12\ \ \ \ 5.64$	$+\ \ \ \ \ 0$
21	$-\ \ \ 5\ \ \ \ 0\ \ 52.96$	18.0	53.40	1.8	53.00	$+\,56\ \ \ \ 7\ \ 35.32$	$+\ \ \ \ \ 8$
22	$+\,69\ \ 30\ \ 34.40$	10.0	34.34	2.5	34.39	$-\,18\ \ 23\ \ 52.07$	$+\ \ \ 24$
488*	$-\,72\ \ 31\ \ 17.72$	8.5	17.73	2.2	17.72	$+\,56\ \ 21\ \ 59.96$	$+\ \ \ \ \ 8$
Na	$-\,34\ \ 44\ \ 38.12$	18.0	38.17	2.7	38.13	$+\,85\ \ 51\ \ 20.45$	$+\ \ \ \ \ 5$
42	$+\,15\ \ 53\ \ 17.70$	10.0	18.11	0.9	17.73	$+\,35\ \ 13\ \ 24.59$	$+\ \ \ 10$
41	$-\,28\ \ \ \ 9\ \ 48.66$	10.0	—	—	—	$+\,79\ \ 16\ \ 30.98$	$+\ \ \ \ \ 5$
47	$+\,59\ \ 40\ \ 53.78$	8.5	—	—	—	$-\ \ \ 8\ \ 34\ \ 11.46$	$+\ \ \ 18$
48	$-\ \ \ 8\ \ 44\ \ \ \ 3.96$	13.7	—	—	—	$+\,59\ \ 50\ \ 46.28$	$+\ \ \ \ \ 7$
Nb							
57	$+\ \ \ 0\ \ 48\ \ \ \ 0.49$	17.1	—	—	—	$+\,50\ \ 18\ \ 41.83$	$+\ \ \ \ \ 9$
509*	$-\,79\ \ 12\ \ \ \ 8.96$	5.0	—	—	—	$+\,49\ \ 41\ \ 13.72$	$+\ \ \ 19$
66	$+\,30\ \ 40\ \ 10.18$	13.3	—	—	—	$+\,20\ \ 26\ \ 32.19$	$+\ \ \ 12$
70	$-\,20\ \ 56\ \ 51.52$	10.2	—	—	—	$+\,72\ \ \ \ 3\ \ 33.84$	$+\ \ \ \ \ 7$
73	$+\ \ \ 9\ \ \ \ 8\ \ 28.10$	9.3	—	—	—	$+\,41\ \ 58\ \ 14.22$	$+\ \ \ 10$
521*	$-\,64\ \ \ \ 9\ \ 16.00$	6.0	16.21	0.7	16.02	$+\,64\ \ 44\ \ \ \ 1.66$	$+\ \ \ \ \ 3$
74	$+\,28\ \ \ \ 0\ \ 11.04$	8.0	—	—	—	$+\,23\ \ \ \ 6\ \ 31.28$	$+\ \ \ 12$
531*	$-\,76\ \ 41\ \ 29.00$	6.0	30.00	0.7	29.17	$+\,52\ \ 11\ \ 48.51$	$+\ \ \ 15$
100	$+\,24\ \ \ \ 9\ \ 33.45$	17.0	33.47	0.9	33.45	$+\,26\ \ 57\ \ \ \ 8.87$	$+\ \ \ 11$
550*	$-\,54\ \ 25\ \ 34.33$	19.0	35.07	0.9	34.36	$+\,74\ \ 27\ \ 43.32$	$-\ \ \ \ \ 1$
107	$+\,47\ \ 18\ \ 54.51$	15.5	54.63	0.9	54.52	$+\ \ \ 3\ \ 47\ \ 47.80$	$+\ \ \ 15$
120	$+\ \ \ 1\ \ 30\ \ 57.88$	27.1	—	—	—	$+\,49\ \ 35\ \ 44.44$	$+\ \ \ \ \ 9$
571*	$-\,69\ \ 39\ \ 36.20$	8.2	—	—	—	$+\,59\ \ 13\ \ 41.48$	$+\ \ \ \ \ 6$
127	$+\,60\ \ 49\ \ 22.16$	11.0	—	—	—	$-\ \ \ 9\ \ 42\ \ 39.84$	$+\ \ \ \ \ 7$
138	$-\,19\ \ 59\ \ 29.94$	13.0	—	—	—	$+\,71\ \ \ \ 6\ \ 12.26$	$+\ \ \ \ \ 7$
590*	$-\,50\ \ 51\ \ 48.90$	11.5	—	—	—	$+\,78\ \ \ \ 1\ \ 33.78$	$-\ \ \ \ \ 2$
144	$+\,19\ \ 26\ \ 57.74$	6.9	—	—	—	$+\,31\ \ 39\ \ 44.58$	$+\ \ \ 11$
168	$+\,34\ \ 45\ \ \ \ 6.72$	6.8	—	—	—	$+\,16\ \ 21\ \ 35.60$	$+\ \ \ 12$
181	$+\,18\ \ \ \ 3\ \ 46.02$	11.7	—	—	—	$+\,33\ \ \ \ 2\ \ 56.30$	$+\ \ \ 11$
188	$+\,56\ \ 17\ \ 37.74$	11.3	—	—	—	$-\ \ \ 5\ \ 10\ \ 55.42$	$+\ \ \ 16$
Ng*	$-\,46\ \ 43\ \ 30.18$	12.9	—	—	—	$+\,82\ \ \ \ 9\ \ 47.50$	$-\ \ \ \ \ 3$
191	$-\,28\ \ \ \ 2\ \ 13.20$	13.7	—	—	—	$+\,79\ \ \ \ 8\ \ 55.52$	$+\ \ \ \ \ 5$
193	$+\ \ \ 5\ \ 11\ \ 18.00$	13.1	—	—	—	$+\,45\ \ 55\ \ 24.32$	$+\ \ \ \ \ 9$
201	$+\,44\ \ 49\ \ 42.58$	17.4	—	—	—	$+\ \ \ 6\ \ 16\ \ 59.74$	$+\ \ \ 14$
653*	$-\,76\ \ 31\ \ 54.76$	9.5	—	—	—	$+\,52\ \ 21\ \ 22.92$	$+\ \ \ 14$
220	$+\,60\ \ 48\ \ 24.13$	9.9	—	—	—	$-\ \ \ 9\ \ 41\ \ 41.81$	$+\ \ \ 18$
224	$+\,43\ \ 43\ \ \ \ 2.14$	7.1	—	—	—	$+\ \ \ 7\ \ 23\ \ 40.18$	$+\ \ \ 14$
227	$+\ \ \ 6\ \ 10\ \ 12.38$	6.7	—	—	—	$+\,44\ \ 56\ \ 29.94$	$+\ \ \ \ \ 9$
676*	$-\,77\ \ 23\ \ 28.98$	4.0	—	—	—	$+\,51\ \ 29\ \ 48.70$	$+\ \ \ 15$
Nh*	$-\,42\ \ 16\ \ 27.78$	10.1	—	—	—	$+\,86\ \ 36\ \ 49.90$	$+\ \ \ \ \ 4$
234	$-\,18\ \ 14\ \ 13.88$	17.4	—	—	—	$+\,69\ \ 20\ \ 56.20$	$+\ \ \ \ \ 7$
695*	$-\,56\ \ 11\ \ 15.08$	14.4	—	—	—	$+\,72\ \ 42\ \ \ \ 2.60$	$-\ \ \ \ \ 1$
251	$+\,34\ \ 38\ \ 48.94$	16.2	—	—	—	$+\,16\ \ 27\ \ 53.38$	$+\ \ \ 12$
257	$+\,67\ \ 43\ \ 27.66$	13.0	27.74	0.4	27.66	$-\,16\ \ 36\ \ 45.34$	$+\ \ \ 22$
260	$-\,25\ \ 57\ \ 52.38$	11.7	—	—	—	$+\,77\ \ \ \ 4\ \ 34.70$	$+\ \ \ \ \ 6$
261	$+\,17\ \ \ \ 3\ \ 30.68$	10.2	—	—	—	$+\,34\ \ \ \ 3\ \ 11.64$	$+\ \ \ 11$
268	$+\,79\ \ 58\ \ 50.57$	2.4	—	—	—	$-\,28\ \ 52\ \ \ \ 8.25$	$+\ \ \ 39$
Ni*	$-\,39\ \ 51\ \ 35.24$	9.3	—	—	—	$+\,89\ \ \ \ 1\ \ 42.44$	$+\ \ \ \ \ 4$
Nd	$-\,36\ \ \ \ 3\ \ 27.82$	13.7	—	—	—	$+\,87\ \ 10\ \ 10.14$	$+\ \ \ \ \ 5$
723*	$-\,61\ \ 21\ \ 31.24$	5.7	—	—	—	$+\,67\ \ 31\ \ 46.44$	$+\ \ \ \ \ 1$
279	$+\,28\ \ 59\ \ 23.19$	5.8	—	—	—	$+\,22\ \ \ \ 7\ \ 19.13$	$+\ \ \ 12$
285	$+\,42\ \ 40\ \ 11.87$	12.0	—	—	—	$+\ \ \ 8.26\ \ 30.45$	$+\ \ \ 13$
738*	$-\,77\ \ 19\ \ \ \ 7.14$	2.4	—	—	—	$+\,51\ \ 34\ \ 10.54$	$+\ \ \ 15$
291	$+\,45\ \ 41\ \ 34.66$	9.8	—	—	—	$+\ \ \ 5\ \ 25\ \ \ \ 7.66$	$+\ \ \ 14$
295	$+\,22\ \ 54\ \ 10.48$	11.7	—	—	—	$+\,28\ \ 12\ \ 31.84$	$+\ \ \ 11$
300	$-\,23\ \ \ \ 0\ \ 32.16$	16.8	—	—	—	$+\,74\ \ \ \ 7\ \ 14.48$	$+\ \ \ \ \ 6$
759*	$-\,51\ \ 24\ \ \ \ 7.53$	17.7	—	—	—	$+\,77\ \ 29\ \ 10.15$	$-\ \ \ \ \ 2$

Nr. N.F.K.	z	p	z_0	$p_0 g_0$	z_1	δ_0	$\varDelta \delta$
314	$+ \ 7°\ 40'\ 53\rlap{.}''94$	12.0	—	—	—	$+43°\ 25'\ 48\rlap{.}''38$	$+0\rlap{.}''10$
317	$- \ 9\ 51\ 82.08$	14.0	—	—	—	$+ \ 60\ 58\ 14.40$	$+ \ 7$
770*	$- 54\ 11\ 25.82$	15.1	—	—	—	$+ \ 74\ 41\ 52.86$	$- \ 1$
835	$+ \ 2\ 46\ 27.54$	16.0	—	—	—	$+ \ 48\ 20\ 14.78$	$+ \ 9$
347	$+48\ 28\ 48.06$	17.0	—	—	—	$+ \ 2\ 37\ 54.26$	$+ \ 15$
808*	$- 66\ 37\ 14.64$	16.1	—	—	—	$+ \ 62\ 16\ \ 3.04$	$+ \ 21$
354	$+59\ 26\ 39.60$	11.3	—	—	—	$- \ 8\ 19\ 57.28$	$+ \ 18$
Ne	$- 30\ 32\ 53.60$	11.7	—	—	—	$+ \ 81\ 39\ 85.92$	$+ \ 5$
368	$- \ 8\ 16\ 50.90$	21.9	—	—	—	$+ \ 59\ 23\ 33.22$	$+ \ 7$
380	$+38\ 46\ 38.02$	29.0	—	—	—	$+ \ 12\ 20\ \ 4.30$	$+ \ 13$
836*	$- 71\ \ 3\ 25.30$	11.4	—	—	—	$+ \ 57\ 49\ 52.38$	$+ \ 7$
386	$+ \ 9\ 14\ \ 3.74$	24.0	—	—	—	$+ \ 41\ 52\ 38.58$	$+ \ 10$
844*	$- 77\ \ 2\ \ 6.62$	8.2	—	—	—	$+ \ 51\ 51\ 11.06$	$+ \ 15$
395	$- 24\ 59\ 17.95$	24.6	—	—	—	$+ \ 76\ \ 6\ \ 0.27$	$+ \ 6$
417	$- 11\ \ 2\ 40.28$	12.5	$41\rlap{.}''37$	5.5	$40\rlap{.}''61$	$+ \ 62\ \ 9\ 22.93$	$+ \ 7$
420	$+ \ 6\ 12\ 21.33$	23.0	—	—	—	$+ \ 44\ 54\ 20.99$	$+ \ 9$
422	$+30\ 10\ 36.07$	10.0	36.03	2.7	36.06	$+ \ 20\ 56\ \ 6.26$	$+ \ 12$
427	$+44\ 40\ 15.46$	15.0	15.14	1.4	15.48	$+ \ 6\ 26\ 26.89$	$+ \ 14$
893*	$- 51\ 40\ 28.68$	17.0	28.44	5.5	28.62	$+ \ 77\ 12\ 49.06$	$- \ 2$
444	$+36\ \ 7\ 12.72$	16.0	13.14	3.8	12.80	$+ \ 14\ 59\ 29.52$	$+ \ 12$
447	$- \ 3\ \ 0\ \ 0.54$	19.0	0.93	2.7	0.59	$+ \ 54\ \ 6\ 42.91$	$+ \ 8$
457	$+68\ 14\ 13.00$	12.5	13.22	4.7	13.06	$- \ 17\ \ 7\ 30.74$	$+ \ 22$
472	$- 19\ \ 5\ 22.96$	20.0	22.50	6.4	22.85	$+ \ 70\ 12\ \ 5.17$	$+ \ 7$
21*	$- 72\ 45\ 43.00$	11.0	42.05	3.2	42.79	$+ \ 56\ \ 7\ 84.89$	$+ \ 9$
483	$- \ 5\ 15\ 18.20$	26.5	18.56	6.8	18.27	$+ \ 56\ 22\ \ 0.59$	$+ \ 8$
485	$+12\ 23\ 18.75$	15.0	18.90	2.3	18.77	$+ \ 38\ 43\ 23.55$	$+ \ 10$
Na*	$- 43\ \ 1\ 57.49$	26.0	57.72	5.5	57.53	$+ \ 85\ 51\ 20.15$	$- \ 3$
490	$+56\ 15\ \ 1.20$	9.0	1.75	1.8	1.29	$- \ 5\ \ 8\ 18.97$	$+ \ 16$
41*	$- 49\ 36\ 46.20$	12.0	46.09	2.7	46.18	$+ \ 79\ 16\ 31.50$	$+ \ 2$
48*	$- 69\ \ 2\ 31.34$	13.0	31.58	4.7	31.40	$+ \ 59\ 50\ 46.28$	$- \ 6$
57*	$- 78\ 34\ 35.52$	8.0	36.21	1.8	85.65	$+ \ 50\ 18\ 42.08$	$+ \ 18$
509	$+ \ 1\ 25\ 28.34$	32.0	27.70	0.9	28.32	$+ \ 49\ 41\ 14.00$	$+ \ 9$
70*	$- 56\ 49\ 42.90$	13.0	42.96	8.2	42.92	$+ \ 72\ \ 3\ 34.76$	$- \ 1$
521	$- 13\ 37\ 20.04$	19.0	20.18	4.6	20.07	$+ \ 64\ 44\ \ 2.39$	$+ \ 7$
526	$+31\ 32\ 21.78$	28.5	21.36	6.8	21.70	$+ \ 19\ 34\ 20.62$	$+ \ 12$
531	$- \ 1\ \ 5\ \ 7.24$	20.0	5.90	0.9	7.18	$+ \ 52\ 11\ 49.50$	$+ \ 9$
535	$+12\ 28\ 33.40$	22.0	33.60	7.7	33.45	$+ \ 38\ 38\ \ 8.87$	$+ \ 10$
545	$+56\ 26\ 39.79$	11.5	40.09	5.9	39.89	$- \ 5\ 19\ 57.57$	$+ \ 16$
548	$+66\ 50\ 32.76$	10.5	32.54	2.9	32.71	$- \ 15\ 43\ 50.39$	$+ \ 21$
550	$- 23\ 21\ \ 1.30$	30.0	1.62	4.6	1.34	$+ \ 74\ 27\ 43.66$	$+ \ 6$
564	$+60\ 13\ \ 7.02$	13.0	7.32	4.3	7.09	$- \ 9\ \ 6\ 24.77$	$+ \ 18$
120*	$- 79\ 17\ 32.90$	12.5	33.50	2.5	33.00	$+ \ 49\ 35\ 44.68$	$+ \ 19$
571	$- \ 8\ \ 6\ 59.86$	20.0	58.68	1.8	59.76	$+ \ 59\ 13\ 42.08$	$+ \ 7$
578	$+24\ \ 8\ 43.18$	25.0	43.17	5.0	43.18	$+ \ 26\ 57\ 59.14$	$+ \ 11$
138*	$- 57\ 47\ \ 5.40$	13.0	5.75	3.6	5.48	$+ \ 71\ \ 6\ 12.20$	$+ \ 0$
582	$+44\ 27\ \ 3.40$	9.0	2.69	2.7	8.24	$+ \ 6\ 39\ 39.08$	$+ \ 14$
590	$- 26\ 54\ 50.88$	15.0	51.11	3.6	50.92	$+ \ 78\ \ 1\ 33.24$	$+ \ 6$
594	$+73\ 31\ 15.00$	11.5	15.02	2.2	15.00	$- \ 22\ 24\ 32.68$	$+ \ 10$
601	$+ \ 5\ 58\ 51.60$	16.0	51.75	3.6	51.63	$+ \ 45\ \ 7\ 50.69$	$+ \ 9$
616	$+77\ 22\ 41.58$	8.0	42.36	3.2	41.80	$- \ 26\ 15\ 59.48$	$+ \ 15$
626	$+12\ \ 2\ 51.33$	20.5	51.36	6.8	51.34	$+ \ 39\ \ 3\ 50.98$	$+ \ 10$
Ng	$- 31\ \ 3\ \ 4.67$	20.5	4.70	9.0	4.68	$+ \ 82\ \ 9\ 47.00$	$+ \ 5$
637	$+66\ 44\ 41.16$	6.0	41.07	4.3	41.12	$- \ 15\ 37\ 58.80$	$+ \ 21$
191*	$- 49\ 44\ 21.66$	9.5	22.21	2.7	21.78	$+ \ 79\ \ 8\ 55.90$	$- \ 2$
653	$- \ 1\ 14\ 40.98$	17.0	40.85	7.3	40.94	$+ \ 52\ 21\ 23.26$	$+ \ 9$
665	$+46\ 30\ 50.91$	13.0	51.00	8.2	50.94	$+ \ 4\ 35\ 51.38$	$+ \ 14$
676	$- \ 0\ 23\ \ 8.06$	18.5	7.42	6.4	7.90	$+ \ 51\ 29\ 50.22$	$+ \ 9$
Nh	$- 85\ 30\ \ 7.45$	16.0	7.40	5.5	7.44	$+ \ 86\ 36\ 49.76$	$+ \ 5$
681	$+22\ 21\ 36.90$	8.0	36.83	6.4	36.87	$+ \ 28\ 45\ \ 5.45$	$+ \ 11$
682	$+72\ 11\ 27.68$	4.5	29.30	2.2	28.21	$- \ 21\ \ 4\ 45.89$	$+ \ 8$
234*	$- 59\ 32\ 21.18$	8.5	22.50	1.8	21.41	$+ \ 69\ 20\ 56.27$	$+ \ 1$

Nr. N.F.K.	z	p	z_0	$p_0 g_0$	z_1	δ_0	$\varDelta\delta$
688	$+54°$ 1' 51."51	12.0	51."08	5.5	51."37	$-$ 2° 55' 9."05	$+$ 0."16
695	$-$ 21 35 20.26	11.0	20.40	5.5	20.34	$+72$ 42 2.66	$+$ 7
699	$+12$ 23 55.00	14.0	55.13	6.4	55.04	$+38$ 42 47.28	$+$ 10
703	$+30$ 38 17.06	9.0	17.23	5.5	17.12	$+20$ 28 55.20	$+$ 12
260*	$-$ 51 48 43.06	8.0	43.17	4.6	43.10	$+77$ 4 34.58	$-$ 2
706	$+77$ 30 9.35	2.0	9.89	1.4	9.57	-26 23 27.25	$+$ 33
Ni	nur in *U. K.* beobachtet!	—	—	—	—	—	—
717	$+56$ 6 27.72	6.0	27.02	4.6	27.42	$-$ 4 59 45.10	$+$ 16
Nd*	-41 43 8.00	10.0	7.88	5.5	7.96	$+87$ 10 9.72	$-$ 4
723	-16 25 4.55	13.0	4.58	2.7	4.56	$+67$ 31 46.88	$+$ 7
730	$+48$ 8 50.92	7.0	50.40	3.6	50.74	$+$ 2 57 51.58	$+$ 15
733	$-$ 0 27 28.21	7.0	28.02	2.7	28.16	$+51$ 34 10.48	$+$ 9
745	$+42$ 26 33.09	18.0	32.43	3.6	32.98	$+$ 8 40 9.34	$+$ 14
300*	-54 46 2.80	13.0	2.80	4.6	2.80	$+74$ 7 14.88	$-$ 1
759	-26 22 28.25	15.0	28.64	3.6	28.33	$+77$ 29 10.65	$-$ 6
762	$+66$ 7 51.18	7.5	51.28	2.2	51.20	-15 1 8.88	$+$ 21
317*	-67 55 8.23	12.5	3.18	2.2	3.22	$+60$ 58 14.46	$+$ 5
770	-23 35 9.89	15.0	9.93	3.6	9.90	$+74$ 41 52.22	$+$ 6
774	$+35$ 27 53.81	12.0	53.16	2.7	53.69	$+15$ 38 48.63	$+$ 12
777	$+$ 6 6 0.28	16.0	0.03	2.7	0.24	$+45$ 0 42.08	$+$ 9
835*	-80 33 2.70	6.0	1.02	3.2	2.11	$+48$ 20 15.57	$+$ 21
803	-11 9 20.47	26.0	20.40	6.4	20.46	$+62$ 16 2.78	$+$ 7
Ne*	$-$ 47 13 41.36	24.0	40.91	7.3	41.26	$+81$ 39 36.42	$-$ 3
815	$+41$ 34 52.38	18.0	52.21	7.3	52.33	$+$ 9 31 49.99	$-$ 13
819	$+67$ 34 47.48	15.5	47.26	3.2	47.44	-16 28 5.12	$+$ 22
368*	-69 29 44.66	16.0	44.32	5.3	44.58	$+59$ 23 33.10	$+$ 6
827	$+51$ 47 46.68	16.5	46.86	3.6	46.71	$-$ 0 41 4.39	$+$ 15
831	$+26$ 7 60.18	13.0	59.70	3.6	60.08	$+24$ 58 42.24	$+$ 11
886	$-$ 6 43 9.94	18.0	9.89	3.6	9.93	$+57$ 49 52.25	$+$ 8
844	$-$ 0 44 28.36	22.0	28.33	7.3	28.35	$+51$ 51 10.67	$+$ 9
395*	$-$ 52 47 16.82	26.5	17.20	5.5	16.89	$+76$ 6 0.79	$-$ 1
417*	$-$ 66 43 54.58	14.5	54.98	1.4	54.62	$+62$ 9 23.06	$+$ 4
871	$+36$ 18 36.42	15.5	36.26	2.7	36.40	$+14$ 48 5.92	$+$ 12
878	$+48$ 14 21.51	19.0	20.93	4.6	21.40	$+$ 2 52 20.92	$+$ 15
890	$+$ 5 3 36.08	21.0	36.09	4.6	36.08	$+46$ 3 6.24	$+$ 9
893	-26 6 6.82	30.5	6.18	0.9	6.80	$+77$ 12 49.12	$+$ 6
447*	$-$ 74 46 34.78	8.5	34.38	3.2	34.67	$+54$ 6 43.01	$+$ 11

Deklinationen δ_0, berechnet mit der angenommenen Polhöhe $\varphi_0 = 51°\,6'\,42."32$, anzubringende Korrektion wegen Verbesserung der Refraktionskonstante folgt aus den bekannten Formeln:

$$\varDelta\delta = \varDelta\varphi \pm \frac{\varDelta a}{a}\,R \left.\right\} \begin{array}{l} \text{südl.} \\ \text{nördl.} \end{array} \text{vom Zenith}$$

$$\varDelta\delta = -\varDelta\varphi - \frac{\varDelta a}{a}\,R \quad \text{für untere Kulmination,}$$

wo $\varDelta\varphi = +0."086$ die oben berechnete Verbesserung der angenommenen Polhöhe und $\varDelta a = -0."054$ die abgeleitete Verbesserung der Refraktionskonstante und R den Refraktionsbetrag fixiert. Schließlich ist $\delta = \delta_0 + \varDelta\delta$ die definitive Deklination, aus der sich alsdann die Deklinationsdifferenz Wilkens — N. F. K. sofort ergibt. Dabei sind die Beobachtungen der Zirkumpolarsterne in beiden Kulminationen deshalb getrennt aufgeführt, um aus der Differenz in beiden Kulminationen gegen den N. F. K. zu ersehen, ob bemerkenswerte systematische Unterschiede zum Vorschein kommen, die eventuell auf Reste von Schichtenneigungen oder andere systematische Fehlerquellen hinweisen und weitere Untersuchungen erfordern könnten. Ordnet man in der folgenden Tabelle zunächst die Differenz Wilkens — N. F. K. in *U. K.* nach der Zenithdistanz in unterer Kulmination, führt daneben auch die entsprechende

Deklinations-Differenz aus den Beobachtungen in der oberen Kulmination auf, und bildet schließlich die Differenz der beiden letzteren, so ergibt sich das folgende Bild, wobei die Mittelung aller Werte immer für die angegebene Anzahl von Sternen vorgenommen ist und nur der Stern 335 ausgeschlossen wurde, weil bei ihm z in $U. K.$ über 80° liegt, sodaß die Messungen nur geringes Gewicht hätten und ferner der Stern Nr. 676, weil bei ihm in $U. K.$ bei $z = -77° 23'$ nur 5 Beobachtungen vorliegen:

Z. D.	Zahl der Sterne	U. K.	O. K.	U. K. — O. K.
— 78°	7	+ 0."73	+ 0."76	— 0."03
— 70	10	+ 46	+ 57	— 11
— 59	8	+ 23	+ 23	0
— 52	8	+ 3	0	+ 3
— 45	6	+ 6	— 13	+ 7

Aus der obigen Tabelle ergibt sich demnach, daß die Differenz Wilkens — N. F. K. sowohl in $U. K.$ als in $O. K.$ einen deutlichen und starken Gang aufweist, der sich, wie wir weiter unten noch sehen werden, für alle anderen nicht in $U. K.$ beobachtbaren Sterne weiter nach Süden kontinuierlich fortsetzt, während aber in der Differenz $U. K. — O. K.$ selbst kein Gang vorhanden ist, wenn auch die Vorzeichenfolge bei den allerdings sehr kleinen Absolutbeträgen einen kleinen Gang andeuten könnte; bei der geringen Größe der Beträge dürfte der Gang aber nur scheinbar sein. Daß kaum Schichtenneigungen vorhanden sein können, war bereits nach der Situation des Geländes der neuen Sternwarte, speziell im Meridian und in Verbindung mit den absichtlich kleinstgehaltenen Dimensionen des Beobachtungshauses zu erwarten.

Vereinigt man jetzt weiter zwecks Ableitung des systematischen Verlaufes der Differenz Wilkens — N. F. K. $= \varDelta \delta_\delta$ aus der Gesamtheit der individuellen Korrektionen aller Sterne, die in der folgenden Tabelle zusammengestellt sind, alle Deklinationen zwischen

Tabelle der Differenzen $\varDelta \delta =$ Wilkens — N. F. K.

Stern-Nr. N. F. K.	$\varDelta \delta$	Stern-Nr. N. F. K.	$\varDelta \delta$	Stern-Nr. N. F. K.	$\varDelta \delta$	Stern-Nr. N. F. K.	$\varDelta \delta$	Stern-Nr. N. F. K.	$\varDelta \delta$	Stern-Nr. N. F. K.	$\varDelta \delta$
1	+ 1."03	144	+ 0.89	295	+ 0.80	483	+ 0.67	Ng	— 0.33	762	+ 0.91
7	+ 1.51	168	+ 0.56	300	— 0.09	485	+ 0.52	637	+ 1.74	770	+ 0.03
21	+ 0.73	181	+ 0.71	314	+ 0.63	490	+ 1.69	653	+ 0.65	774	+ 1.41
22	+ 1.22	188	+ 0.95	317	+ 0.79	509	+ 0.68	665	+ 1.15	777	+ 0.42
Na	— 0.16	191	0.00	335	+ 1.33	521	+ 0.07	676	+ 0.83	803	+ 0.60
42	+ 0.66	193	+ 0.16	347	+ 0.98	526	+ 0.77	Nh	— 0.43	815	+ 0.77
41	— 0.18	201	+ 1.52	354	+ 0.81	531	+ 0.76	681	+ 1.65	819	+ 1.33
47	+ 0.54	220	+ 1.00	Ne	— 0.38	535	+ 0.75	682	+ 1.95	827	+ 1.26
48	+ 0.39	224	+ 0.46	368	+ 0.38	545	+ 1.63	688	+ 1.61	831	+ 1.02
Nb	— 0.07	227	+ 0.73	380	+ 0.87	548	+ 1.70	695	+ 0.16	836	+ 0.43
57	+ 0.58	234	+ 0.32	386	+ 0.63	550	+ 0.32	699	+ 0.74	844	+ 0.86
66	+ 0.96	251	+ 0.90	395	+ 0.15	564	+ 1.48	703	+ 1.02	871	+ 1.13
70	+ 0.56	257	+ 0.90	417	+ 0.72	571	+ 0.02	706	+ 2.08	878	+ 1.28
73	+ 0.45	260	+ 0.29	420	+ 0.62	578	+ 1.09	Ni	+ 0.05	890	+ 0.53
74	+ 0.64	261	+ 0.50	422	+ 0.89	582	+ 1.27	717	+ 1.53	893	— 0.30
100	+ 0.55	268	+ 0.93	427	+ 0.85	590	0.00	723	+ 0.42		
107	+ 1.02	Nd	— 0.07	444	+ 0.70	594	+ 2.03	730	+ 1.16		
120	+ 0.72	279	+ 0.67	447	+ 0.88	601	+ 0.08	733	+ 1.11		
127	+ 0.98	285	+ 0.63	457	+ 1.67	616	+ 1.75	745	+ 0.53		
138	+ 0.55	291	+ 1.60	472	+ 0.18	626	+ 0.35	759	— 0.12		

—30° bis —20°, —20° bis —10° u. s. w. bis + 80° bis + 90°, wobei jede Deklination mit dem ihr entsprechenden, in der obigen Zusammenstellung der Zenithdistanzen z_1 tabulierten Gewicht angesetzt ist, so ergeben sich die in der folgenden Tafel zusammengestellten Abweichungen systematischer Natur $\Delta\delta_\delta$ = Wilkens — N. F. K.:

Dekl.	Wi—N.F.K. $\Delta\delta_\delta$	m. F. von $\Delta\delta_\delta$	Relatives Gewicht	Odessa 1900 Kudrjawtzew	Odessa 1910 Bonsdorff	Großmann	Zaleski
— 30° bis — 20°	+ 1.″88	±0.″25	46	+ 1.″43	+ 2.″40 (— 28°)	+ 1.″27	—
— 20 ,, — 10	+ 1.37	14	94	+ 1.10	+ 1.66 (— 11°)	+ 1.16	+ 1.″51 (— 20°— 0°)
— 10 ,, 0	+ 1.29	12	145	+ 0.87	+ 1.47 (+ 9°)	+ 1.04	—
0 ,, + 10	+ 1.01	11	210	+ 0.78		+ 1.09	+ 1.40 (0 —15°)
+ 10 ,, 20	+ 0.99	11	163	+ 0.70		+ 1.15	—
20 ,, 30	+ 0.98	08	175	+ 0.52	+ 1.28 (+ 26°)	+ 1.07	+ 0.79 (+ 15 —30°)
30 ,, 40	+ 0.62	08	134	+ 0.42		+ 0.90 (30—44°)	+ 0.54 (30 —45°)
40 ,, 50	+ 0.61	11	254	+ 0.46	+ 0.86 (+ 47°)	+ 0.27 (45—50°)	+ 0.89 (45 —60°)
50 ,, 60	+ 0.56	08	443	+ 0.44	+ 0.64 (+ 56°)	+ 0.12	
60 ,, 70	+ 0.42	10	211	+ 0.32	+ 0.30 (61—67°)	+ 0.10	+ 0.61 (60 —90°)
70 ,, 80	+ 0.14	06	525	+ 0.23	+ 0.09 (+ 75°)	+ 0.13	
80 ,, 90	— 0.11	09	210	+ 0.08	+ 0.05 (+ 87°)	+ 0.03	

Aus der Differenz Wilkens — N. F. K. folgt demnach eine starke südliche Orientierung des N. F. K., die mit der Annäherung an den Pol abnimmt und am Pol so gut wie verschwindet; die mittlere Zunahme von $\Delta\delta_\delta$ nach Süden beträgt pro 1°: + 0.″018. Das Gesamtergebnis ist also außerordentlich überraschend, besonders wenn man die bekannten Kataloge der Pulkowaer Beobachter Kudrjawtzew und Bonsdorff auf Grund der Beobachtungen in der Odessaer Filiale am Repsoldschen Vertikalkreise für 1900 und 1910 heranzieht. Die Gruppierung der Differenz Wilkens — N. F. K. zu den eben genannten Katalogen ist die, daß diese Differenz stets zwischen den entsprechenden Differenzen von Kudrjawtzew und Bonsdorff gelegen ist, außer bei $\delta = 60° — 70°$, wo meine Differenz größer, und bei $\delta = 80° — 90°$, wo sie kleiner ist. Gegenüber den Großmannschen Differenzen nach dessen Beobachtungen am Repsoldschen Meridiankreise in Wien-Ottakring (1896—98) in seiner Untersuchung über die Astronomische Refraktion, München 1917, sind die meinigen bald etwas größer, bald etwas kleiner, nur bei dem südlichsten Gürtel $\delta = — 30°$ bis — 20° ist meine Differenz um + 0.″6 größer als bei Großmann. Die neuesten Abweichungen nach Zaleskis Beobachtungen am kleinen Posener Repsoldschen Meridiankreise sind teils gleich, teils noch größer als meine Abweichungen.

In Bezug auf einen Gang der Abweichungen mit der Rektascension ergibt sich bei Anordnung nach dieser Koordinate die folgende Tabelle für $\Delta\delta_\alpha$

A. R.	$\Delta\delta_\alpha$	A. R.	$\Delta\delta_\alpha$	A. R.	$\Delta\delta_\alpha$
$0^h— 2^h$	+ 0.″48 (323)	$8^h— 10^h$	+ 0.″67 (176)	$16^h— 18^h$	+ 0.″26 (178)
2 — 4	+ 0.70 (121)	10 — 12	+ 0.62 (250)	18 — 20	+ 0.90 (251)
4 — 6	+ 0.60 (146)	12 — 14	+ 0.66 (186)	20 — 22	+ 0.48 (207)
6 — 8	+ 0.42 (172)	14 — 16	+ 0.63 (376)	22 — 24	+ 0.60 (228)

wobei die eingeklammerten Zahlen wieder das relative Gewicht fixieren. Die Tabelle zeigt, daß kein Gang mit der Rektascension vorhanden ist. Eine Anordnung nach der Helligkeit zeigte ebenfalls keinen Gang. Die von mir erhaltenen Messungen gehören also zu der Gruppe absoluter Beobachtungen, die starke Abweichungen gegen den N. F. K. ergeben und es ist in diesem Zusammenhange von besonderem Interesse, darauf hinzuweisen, daß die bisherigen Beobachtungsreihen entweder eine Übereinstimmung mit dem N. F. K. ergaben oder aber starke Abweichungen, während keine Brücke mittlerer Abweichungen zwischen diesen Systemen besteht. Über die möglichen Ursachen ist bereits viel und gründlich, aber ohne irgendwelchen durchschlagenden Erfolg diskutiert worden, ein für die Astronomie höchst fatales Ergebnis mit Rücksicht auf alle die weitgehenden Konsequenzen, die aus dem Fundamentalsystem der Fixsterne zu ziehen sind. Zurzeit ist es auch nicht möglich, wesentliche Bemerkungen über die mutmaßliche Ursache der Differenzen der absoluten Deklinationsbestimmungen beizubringen; vielleicht ist die Tat wertvoller, indem vor allem an anderen Instrumenten als an den obengenannten neue Beobachtungsreihen angestellt werden. Deshalb werden die Sterne meines Kataloges zurzeit bereits erneut an dem neuen 7-zölligen Vertikalkreise der Münchener Sternwarte aus der Werkstatt der Askania-Werkstätte Berlin-Friedenau beobachtet; auf Grund der Reduktion der ersten Beobachtungen, angestellt von Herrn Rabe, hat sich bereits ergeben, daß sich dieselben Abweichungen gegen den N. F. K. herausstellen, wie sie von mir am Breslauer Repsoldschen Vertikalkreise beobachtet worden sind. Die Bearbeitung des neuen F. K. III, wie er zurzeit vom Berliner Astronomischen Rechen-Institut auf Grund einer Auswahl älteren und neueren Materials aufgestellt wird, wird in Bezug auf die Deklinationen leider keinen anerkannten Erfolg versprechen können, solange nicht die Frage der großen systematischen Dissonanz zwischen den absoluten Reihen einwandfrei aufgeklärt werden kann.

Katalog der Deklinationen.

Die in der obigen Tabelle aufgeführten Deklinationen wurden, soweit $U.K.$ und $O.K.$ beobachtet ist, den Gewichten entsprechend zusammengefaßt, nachdem sich oben gezeigt hatte, daß keine systematischen Differenzen zwischen ihnen bestehen, und alsdann zu dem unten folgenden Kataloge unter Beifügung der Präcession etc. nach Newcomb vereinigt. Da bei allen Beobachtungen bei der Reduktion auf das Äquinoktium 1925 die Eigenbewegung des N. F. K. verwendet worden ist, so sind die in dem Katalog gegebenen Deklinationen auch auf die Epoche 1925 bezogen. Zur Wiederherstellung der zur angegebenen Einzelepoche jedes Sterns beobachteten Deklinationen wäre also in Strenge an die Katalog-Positionen noch die Korrektion anzubringen: (Ep. — 1925) μ_δ, wo μ_δ dem N. F. K. zu entnehmen ist. Ein Sternchen vor der Nummer der Sterne deutet an, daß der betreffende Stern auch in unterer Kulmination beobachtet worden ist. Die letzte Kolonne H enthält die an die Deklinationen ev. anzubringende Korrektion wegen täglicher und jährlicher Änderung der Strahlenbrechung (s. S. 44).

64

Katalog.

Nr. N.F.K.	Name	Gr.	Ep. +1920	a_{1925}	δ_{1925}	Praec.	Var. saec.	n	H
1	α Andr.	2.1	4.15	0ʰ 4ᵐ30ˢ	+28° 40′ 36″04	+20ˢ041	− 0.017	27	+0″08
7	γ Pegasi	2.7	4.36	0 9 22	+14 46 1.17	+20.028	− 0.027	16	+ 11
*21	α Cassiop.	2.2	4.13	0 36 14	+56 7 35.25	+19.795	− 0.086	36	00
22	β Ceti	2.2	4.27	0 39 50	−18 23 51.83	+19.743	− 0.086	16	+ 26
*Na	43 H. Cephei	4.3	4.18	0 58 11	+85 51 20.29	+19.402	⁓ 0.291	36	− 03
42	β Androm.	2.1	4.37	1 5 32	+35 13 24.69	+19.231	− 0.145	11	+ 07
*41	44 H. Cephei	5.7	4.27	1 5 44	+79 16 31.30	+19.226	− 0.217	20	00
47	ϑ Ceti	3.4	4.54	1 20 16	− 8 34 11.28	+18.828	− 0.159	11	+ 20
*48	δ Cassiop.	2.7	4.26	1 20 54	+59 50 46.29	+18.809	− 0.203	34	00
Nb	α Urs. min.	2.0	4.60	1 31 14	+88 54 11.05	+18.374	− 1.806	648	00
*57	φ Persei	4.1	4.46	1 38 57	+50 18 42.01	+18.205	− 0.236	24	+ 06
66	β Arietis	2.7	4.42	1 50 30	+20 26 32.31	+17.760	− 0.231	11	+ 10
*70	50 Cassiop.	4.0	3.90	1 57 00	+72 3 34.38	+17.489	− 0.370	31	+ 01
73	γ Androm.	2.1	4.56	1 59 17	+41 58 14.32	+17.390	‑ 0.273	8	+ 08
74	α Arietis	2.0	4.49	2 2 56	+23 6 31.40	+17.230	− 0.257	7	+ 09
100	41 Arietis	3.6	4.16	2 45 34	+26 57 8.98	+15.038	− 0.346	15	+ 10
107	α Ceti	2.5	4.37	2 58 21	+ 3 47 47.95	+14.275	− 0.327	16	+ 16
*120	α Persei	1.9	4.34	3 18 57	+49 35 44.65	+12.955	− 0.480	36	+ 08
127	ε Eridani	3.5	4.43	3 29 24	− 9 42 39.77	+12.244	− 0.339	13	+ 21
*138	5 H. Camelop.	4.5	4.30	3 42 25	+71 6 12.26	+11.323	− 0.762	24	+ 00
144	ζ Persei	2.9	4.50	3 49 25	+31 39 44.69	+10.813	− 9.467	7	+ 09
168	α Tauri	1	4.25	4 31 37	+16 21 35.72	+ 7.540	− 0.468	12	+ 11
181	ι Aurigae	2.7	4.49	4 52 6	+33 2 56.41	+ 5.852	− 0.547	11	+ 09
188	β Eridani	2.7	4.48	5 4 10	− 5 10 55.26	+ 4.835	− 0.419	10	+ 22
*191	19 H. Camelop.	5.1	4.32	5 10 10	+79 8 55.72	+ 4.324	− 1.409	22	− 02
193	α Aurigae	1	4.47	5 11 9	+45 55 24.41	+ 4.240	− 0.632	11	+ 07
201	γ Orionis	1.7	4.49	5 21 6	+ 6 16 59.88	+ 3.386	− 0.464	15	+ 16
220	ϰ Orionis	2.1	4.54	5 44 12	− 9 41 41.63	+ 1.881	− 0.414	11	+ 29
224	α Orionis	1	4.61	5 51 7	+ 7 23 40.32	+ 0.777	− 0.473	9	+ 11
227	β Aurigae	1.9	4.62	5 54 2	+44 56 30.03	+ 0.522	− 0.643	6	+ 07
*234	22 H. Camelop.	4.6	4.37	6 10 35	+69 20 56.27	− 0.925	− 0.961	20	− 02
251	γ Geminor.	2.0	4.46	6 33 23	+16 27 53.50	− 2.909	− 0.498	15	+ 13
257	α Canis maj.	1	4.47	6 41 51	−16 36 45.12	− 3.640	− 0.383	17	+ 13
*260	24 H. Camelop.	4.6	4.03	6 49 9	+77 4 34.66	− 4.266	− 1.245	19	− 02
261	ϑ Geminor.	3.4	4.55	6 47 51	+34 3 11.75	− 4.155	− 0.562	7	+ 10
269	ε Canis maj.	1.5	4.52	6 55 41	−28 52 7.86	− 4.822	− 0.383	3	00
*Nd	51 H. Cephei	5 2	4.11	7 5 57	+87 10 9.92	− 5.689	− 4.050	22	− 03
279	δ Geminor.	3.3	4.65	7 15 39	+22 7 19.25	− 6.497	− 0.492	4	+ 12
285	β Canis min.	2.9	4.69	7 23 5	+ 8 26 30.58	− 7.108	− 0.441	8	+ 12
291	α Canis min.	0.5	4.42	7 35 28	+ 5 25 7.80	− 8.104	− 0.422	12	+ 08
295	β Geminor.	1.1	4.65	7 40 44	+28 12 31.95	− 8.529	− 0.488	10	+ 08
*300	Gr. 1374	5.5	4.27	7 51 15	+74 7 14.72	− 9.352	− 0.929	28	− 03
314	31 Lyncis	4.4	4.64	8 17 42	+43 25 48.48	−11.332	− 0.490	7	+ 07
*317	o Urs. maj.	3.3	4.34	8 24 3	+60 58 14.49	−11.786	− 0.587	26	00
*335	ι Urs. maj.	2.9	4.20	8 54 5	+48 20 15.20	−13.303	− 0.434	31	+ 06
347	ϑ Hydrae	3.9	4.49	9 10 28	+ 2 37 54.41	−14.806	− 0.300	13	+ 18
354	α Hydrae	2.0	4.79	9 23 54	− 8 19 57.10	−15.572	− 0.264	10	+ 20
*Ne	1 H. Dracon.	4.3	4.24	9 26 32	+81 39 36.28	−15.716	− 0.783	34	− 02
*368	υ Urs. maj.	3.8	4.35	9 45 40	+59 23 33.23	−16.699	− 0.342	37	+ 03
380	α Leonis	1.3	4.68	10 4 23	+12 20 4.43	−17.548	− 0.219	24	+ 09
386	μ Ursae maj.	3.0	4.79	10 17 52	+41 52 38.68	−18.087	− 0.217	14	+ 08
*395	9 H. Dracon.	4.9	4.42	10 28 46	+76 6 0.58	−18.477	− 0.284	38	+ 01
*417	α Urs. maj.	1.8	4.21	10 59 7	+62 9 23.05	−19.342	− 0.134	42	+ 06
420	ψ Urs. maj.	3.0	4.75	11 5 27	+44 54 21.08	−19.480	− 0.108	13	+ 07
422	δ Leonis	2.4	4.39	11 10 7	+20 56 6.38	−19.572	− 0.092	18	+ 08
427	σ Leonis	4.1	4.38	11 17 16	+ 6 26 27.03	−19.697	− 0.078	12	+ 14
444	β Leonis	2.1	4.17	11 45 14	+14 59 29.64	−20.003	− 0.020	15	+ 08
*447	γ Urs. maj.	2.3	4.20	11 49 54	+54 6 43.04	−20.025	− 0.011	34	− 08
457	γ Corvi	2.4	3.83	12 11 57	−17 7 30.52	−20.018	+ 0.032	17	+ 13

Nr. N.F.K.	Name	Gr.	Ep. +1920	α_{1925}	δ_{1925}	Praec.	Var. saec.	n	H
*472	$\varkappa$ Draconis	3.6	4.08	$12^h\,30^m\,17^s$	$+70°\,12'\,5.''39$	$-19.''870$	$+\ 0.059$	35	$-0.''01$
*483	ε Urs. maj.	1.7	4.07	12 50 44	$+56\ 22\ \ 0.52$	-19.556	$+\ 0.093$	41	$+\ 10$
485	12 Can. ven. sq.	2.8	4.80	12 52 31	$+38\ 43\ 23.65$	-19.521	$+\ 0.102$	12	$+\ 07$
490	ϑ Virginis	4.3	4.05	13 6 4	$-\ 5\ \ 8\ 18.81$	-19.218	$+\ 0.136$	8	$+\ 10$
*509	η Urs. maj.	1.8	3.85	13 44 35	$+49\ 41\ 14.07$	-17.994	$+\ 0.160$	31	$+\ 22$
*521	α Draconis	3.4	4.19	14 2 21	$+64\ 44\ \ 2.29$	-17.256	$+\ 0.128$	27	$+\ 06$
526	α Bootis	1	4.00	14 12 14	$+19\ 34\ 20.74$	-16.800	$+\ 0.230$	34	$+\ 06$
*531	ϑ Bootis	3.9	4.46	14 22 39	$+52\ 11\ 49.36$	-16.286	$+\ 0.183$	23	$+\ 20$
535	γ Bootis	2.9	3.86	14 29 4	$+38\ 38\ \ 8.97$	-15.952	$+\ 0.221$	24	$+\ 06$
545	μ Virginis	3.9	3.91	14 39 6	$-\ 5\ 19\ 57.41$	-15.406	$+\ 0.301$	18	$+\ 11$
548	α Librae	2.7	4.05	14 46 44	$-15\ 43\ 50.18$	-14.970	$+\ 0.328$	16	$+\ 12$
*550	β Urs. min.	2.0	4.80	14 50 54	$+74\ 27\ 43.57$	-14.725	$-\ 0.012$	48	$+\ 03$
564	β Librae	2.5	4.21	15 12 58	$-\ 9\ \ 6\ 24.59$	-13.850	$+\ 0.357$	21	$+\ 09$
*571	ι Draconis	3.2	4.81	15 23 16	$+59\ 18\ 41.98$	-12.664	$+\ 0.157$	30	$+\ 11$
578	α Coron. bor.	2.2	4.09	15 31 31	$+26\ 57\ 59.25$	-12.097	$+\ 0.300$	28	$+\ 07$
582	α Serpentis	2.5	4.00	15 40 34	$+\ 6\ 39\ 39.22$	-11.456	$+\ 0.357$	11	$+\ 03$
*590	ζ Urs. min.	4.3	4.26	15 46 42	$+78\ \ 1\ 38.48$	-11.012	$-\ 0.262$	27	$+\ 05$
594	δ Scorpii	2.3	4.19	15 55 54	$-22\ 24\ 32.58$	-10.331	$+\ 0.447$	16	$+\ 14$
601	φ Herculis	4.0	3.98	16 6 24	$+45\ \ 7\ 50.78$	$-\ 9.534$	$+\ 0.246$	15	$+\ 06$
616	α Scorpii	1.2	3.75	16 24 48	$-26\ 15\ 59.33$	$-\ 8.089$	$+\ 0.494$	15	$+\ 06$
626	η Herculis	3.3	4.00	16 40 19	$+39\ \ 3\ 51.08$	$-\ 6.830$	$+\ 0.285$	23	$+\ 06$
*Ng	ε Urs. min.	4.2	4.13	16 53 36	$+82\ \ 9\ 47.18$	$-\ 5.726$	$-\ 0.868$	39	$+\ 06$
637	η Ophiuchi	2.4	3.89	17 6 4	$-15\ 37\ 58.59$	$-\ 4.674$	$+\ 0.490$	16	$+\ 06$
*653	β Draconis	2.7	4.11	17 28 44	$+52\ 21\ 23.27$	$-\ 2.726$	$+\ 0.197$	32	$+\ 16$
665	β Ophiuchi	2.8	3.79	17 39 46	$+\ 4\ 35\ 51.52$	$-\ 1.767$	$+\ 0.432$	20	$+\ 06$
*676	γ Draconis	2.3	4.04	17 54 52	$+51\ 29\ 50.31$	$-\ 0.449$	$+\ 0.203$	23	$+\ 23$
*Nh	δ Urs. min.	4.3	4.14	17 56 25	$+86\ 36\ 49.85$	$-\ 0.313$	$-\ 2.843$	27	$+\ 04$
681	o Herculis	3.8	3.73	18 4 37	$+28\ 45\ \ 5.56$	$+\ 0.404$	$+\ 0.341$	14	$+\ 06$
682	μ Sagittarii	3.9	3.26	18 9 17	$-21\ \ 4\ 45.81$	$+\ 0.812$	$+\ 0.522$	7	$+\ 05$
688	η Serpentis	3.2	3.91	18 17 26	$-\ 2\ 55\ \ 8.89$	$+\ 1.523$	$+\ 0.456$	17	$+\ 05$
*695	χ Draconis	3.6	4.08	18 22 25	$+72\ 42\ \ 2.66$	$+\ 1.958$	$-\ 0.175$	28	$+\ 08$
699	α Lyrae	1	3.82	18 34 24	$+38\ 42\ 47.38$	$+\ 2.997$	$+\ 0.290$	19	$+\ 06$
703	110 Herculis	4.1	3.66	18 42 26	$+20\ 25\ 25.32$	$+\ 3.690$	$+\ 0.369$	12	$+\ 06$
706	σ Sagittarii	2.1	3.65	18 50 37	$-26\ 23\ 26.92$	$+\ 4.391$	$+\ 0.527$	6	$+\ 05$
*Ni	λ Urs. min.	6.8	4.53	18 52 57	$+89\ \ 1\ 42.48$	$+\ 4.590$	-10.453	11	$+\ 01$
717	λ Aquilae	3.2	3.78	19 2 16	$-\ 4\ 59\ 44.94$	$+\ 5.879$	$+\ 0.446$	13	$+\ 05$
*723	δ Draconis	3.0	4.24	19 12 33	$+67\ 31\ 46.82$	$+\ 6.240$	$-\ 0.003$	19	$+\ 06$
730	δ Aquilae	3.3	3.79	19 21 43	$+\ 2\ 57\ 51.58$	$+\ 6.997$	$+\ 0.408$	10	$+\ 06$
*733	ι Cygni	3.9	4.00	19 27 49	$+51\ 34\ 10.59$	$+\ 7.494$	$+\ 0.201$	11	$+\ 07$
745	α Aquilae	1	4.17	19 47 7	$+\ 8\ 40\ \ 9.48$	$+\ 9.081$	$+\ 0.372$	21	$+\ 07$
*759	$\varkappa$ Cephei	4.3	4.29	20 11 27	$+77\ 29\ 10.43$	$+10.877$	$-\ 0.247$	26	$+\ 06$
762	β Capricorni	3.1	4.09	20 16 48	$-15\ \ 1\ \ 8.67$	$+11.267$	$+\ 0.402$	11	$+\ 07$
*770	73 Draconis	5.3	4.39	20 32 31	$+74\ 41\ 52.31$	$+12.376$	$-\ 0.093$	23	$+\ 08$
774	α Delphini	3.7	4.13	20 36 9	$+15\ 38\ 48.75$	$+12.625$	$+\ 0.309$	13	$+\ 07$
777	α Cygni	1.3	4.08	20 38 52	$+45\ \ 0\ 42.17$	$+12.808$	$+\ 0.224$	16	$+\ 07$
*803	α Cephei	2.5	4.30	21 16 47	$+62\ 16\ \ 3.17$	$+15.173$	$+\ 0.128$	44	$+\ 16$
815	ε Pegasi	2.3	4.05	21 40 30	$+\ 9\ 31\ 50.12$	$+16.445$	$+\ 0.238$	22	$+\ 09$
819	δ Capricorni	2.8	4.15	21 42 54	$-16\ 28\ \ 4.90$	$+16.564$	$+\ 0.263$	21	$+\ 13$
827	α Aquarii	2.9	4.18	22 1 56	$-\ 0\ 41\ \ 4.24$	$+17.443$	$+\ 0.214$	17	$+\ 10$
831	ι Pegasi	3.9	3.99	22 3 31	$+24\ 58\ 42.35$	$+17.511$	$+\ 0.188$	14	$+\ 08$
*836	ζ Cephei	3.4	4.44	22 8 15	$+57\ 49\ 52.37$	$+17.709$	$+\ 0.134$	31	$+\ 13$
*844	8 Lacertae	4.5	4.26	22 20 36	$+51\ 51\ 10.86$	$+18.189$	$+\ 0.137$	31	$+\ 29$
871	α Pegasi	2.4	4.22	23 1 1	$+14\ 48\ \ 6.04$	$+19.384$	$+\ 0.105$	15	$+\ 09$
878	γ Piscium	3.7	4.01	23 13 17	$+\ 2\ 52\ 21.07$	$+19.680$	$+\ 0.082$	18	$+\ 11$
890	λ Androm.	3.8	4.03	23 33 53	$+46\ \ 3\ \ 6.33$	$+19.915$	$+\ 0.039$	18	$+\ 07$
*893	γ Cephei	3.3	4.15	23 36 15	$+77\ 42\ 49.13$	$+19.937$	$+\ 0.029$	44	00

Inhalt

Berichtigung: S. 56 statt § 6 lies § 11.

www.ingramcontent.com/pod-product-compliance
Lightning Source LLC
Chambersburg PA
CBHW081429190326
41458CB00020B/6148